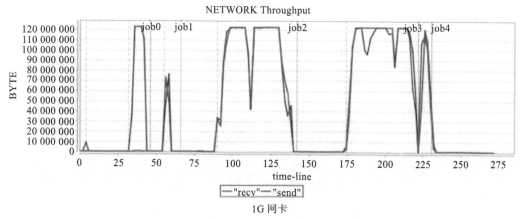

图 28-2 使用 1G 网卡时 Spark 作业网络吞吐性能曲线

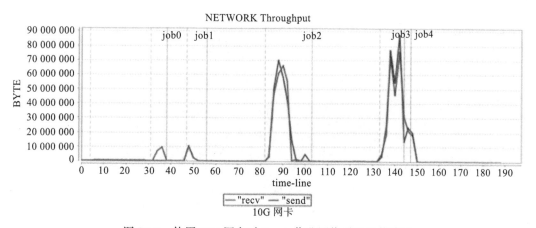

图 28-3 使用 10G 网卡时 Spark 作业网络吞吐性能曲线

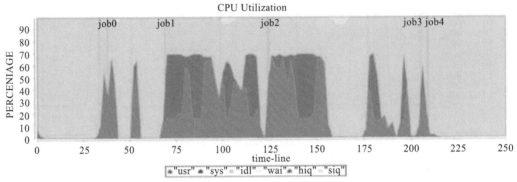

图 28-4　Spark 作业运行期 CPU 性能曲线

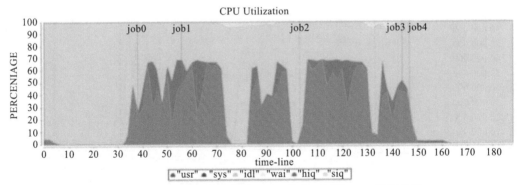

图 28-5　操作系统参数优化后 Spark 作业运行期 CPU 性能曲线

GROW INTO
SOFTWARE ARCHITECT

Technology, architecture and the future

架构师的
自我修炼

技术、架构和未来

李智慧◎著

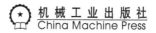

机械工业出版社
China Machine Press

图书在版编目（CIP）数据

架构师的自我修炼：技术、架构和未来 / 李智慧著 .-- 北京：机械工业出版社，2021.5
（2024.4 重印）
（架构师书库）
ISBN 978-7-111-67936-3

Ⅰ. ①架…　Ⅱ. ①李…　Ⅲ. ①程序设计　Ⅳ. ① TP311.1

中国版本图书馆 CIP 数据核字（2021）第 059616 号

架构师的自我修炼：技术、架构和未来

出版发行：机械工业出版社（北京市西城区百万庄大街 22 号　邮政编码：100037）
责任编辑：杨绣国　　　　　　　　　　　　　责任校对：殷　虹
印　　刷：固安县铭成印刷有限公司　　　　版　　次：2024 年 4 月第 1 版第 5 次印刷
开　　本：186mm×240mm　1/16　　　　　印　　张：19.75　　插　页：1
书　　号：ISBN 978-7-111-67936-3　　　　定　　价：89.00 元

客服电话：(010) 88361066　68326294

架构师拯救世界

在我的职业生涯中，曾经见过一些不友好的系统，没有人知道这些系统是从什么时候开始变得不友好的，参与其中的每个人都痛苦不堪。所有人都在同此不友好的系统比赛：要么自己的工作进度足够快，在系统变得更不友好之前把自己的功能开发完成，发布上线；要么自己足够快，在系统变得更不友好之前"跑路走人"。

这样的系统通常都有一个共同特征：缺乏一个强有力的技术掌舵者，没有人为这个系统进行整体规划和设计，甚至没有人对系统整体负责，也就是说没有一个真正意义上的软件架构师。系统从一开始为实现某些功能堆砌了一堆代码，然后就是不断地往上继续堆砌代码，随着时间推移，系统变成了一团乱麻，每天的日常开发变成了一场冒险之旅，很容易就掉到坑里。

软件编程似乎没有门槛，任何接受过义务教育的人经过一些基本的编程培训就能够写一些可以执行的代码。但是想要设计一个架构良好、易于维护、富有弹性的系统，却是一件非常困难的事情。就我所见，很多项目团队根本没有系统架构设计这样一个软件开发阶段，也没有一个掌控整个系统技术架构的人，项目管理者主要关注内部和外部的各种沟通，以及人员、进度管理，而缺乏对系统架构的关注，导致系统架构在日复一日的开发过程中逐渐"腐烂"。

在实际工作中，很多软件工程师可能从来没有体会过良好架构设计带来的好处：系统模块的层次边界清晰，每个团队成员的工作都很少耦合；需求变更不需要在一大堆代码中改来改去，只要扩展几个类就能轻松实现；用户量快速增加时，只需要变更部署方案就可以应对，甚至不需要改动代码。而由此获益的其实是企业管理者，他不必为急剧膨胀的技术人员招聘预算而愁眉不展。

很多软件项目团队缺乏一个合格的软件架构师，甚至没有架构师。如果不能面对问题、解决问题，你跑得再快也于事无补，逃往的下一个地方也许有一个更不友好的系统在等着你。如果当前项目没有一个能够掌控技术架构的人，那么，最好的办法就是你尽早站出来，为整个系统的技术架构承担责任，让自己成为软件架构师。整个过程你收获的不只是更好的工作体验，还有更广阔、更美好的未来。

优秀的软件架构师能够设计架构良好的系统，并让它在漫长的生命周期中持续演进、清晰合理。优秀的软件架构师既能够写漂亮的技术 PPT，又能够写漂亮的代码，他开发的核心代码可支撑起系统的核心架构，架构方案可得到大多数人的拥护。优秀的软件架构师拥有宏观的技术视角，能够用更广阔的愿景来诠释当前项目的技术、架构和未来的演化趋势；优秀的软件架构师拥有某种技术影响力和领导力，无须施展权威就可以让其他工程师听信于他；优秀的软件架构师还会掌握一些特别的管理、谈判技能，让自己的技术构想易于被其他工程师、项目经理、企业管理者和用户接纳。

软件架构师也许不能拯救世界，但是他可以拯救自己，而自己即是世界。

读者对象

- ❏ 希望成为架构师的软件开发工程师；
- ❏ 需要掌握全面架构方法的技术经理；
- ❏ 期望进行技术提升的架构师；
- ❏ 计算机专业的在校大学生、研究生；
- ❏ 计划转行进入软件开发领域的人员。

你可以从本书收获什么

软件架构师应该是软件开发方面的全才，需要掌握方方面面的知识，这样才能针对业务场景选择最合适的技术解决方案，解决开发实践中形形色色的问题。

那么，架构师如何获得这些技能，如何构建自己的架构师知识体系呢？本书总结了以下四个方面：

1）架构师的基础知识修炼：软件的基础知识主要包括操作系统、数据结构、数据库原理等。本书会从一个常见的问题入手，直达这些基础技术的原理，并覆盖这些基础技术的关键技术点，让你在理解这些基础技术原理和日常开发工作的关联基础上，对这些基础技术产生全新的认知。

2）架构师的程序设计修炼：如何设计一个强大、灵活、易复用、易维护的软件？在这个过程中，可以使用哪些工具和方法？遵循哪些原则和思想？使用哪些模式和手段？如果软件只是实现功能，那么，程序员就没有高下之分，软件也没有好坏之分，技术也就不会进步。好的软件究竟好在哪里？如何写出一个好的程序？本书会逐一解答这些问题。

3）架构师的架构方法修炼：围绕目前主要的互联网分布式架构以及大数据、物联网架构，分析这些架构背后的原理，看它们都遵循着什么样的设计思想，有哪些看似不同而原理相同的技术，以及如何通过这些技术实现系统的高可用和高性能。

4）架构师的思维修炼：软件开发是实践性很强的活动，只是学习技术无异于纸上谈兵。只有将知识技能应用到工作实践中，你才能真正体会到技术的关键点在哪里，才能分辨出哪些技术是真正有用的，哪些方法是"花拳绣腿"。但是公司不是你实践技术的实验室，怎样才能处理好工作中的各种关系，得到充分的授权和信任，在工作中实践自己的技术思想，并为公司创造更多的价值，得到更大的晋升和发挥空间，使自己的技术成长和职业发展进入正向通道？架构师也需要工作思维方面的修炼与提升。

应该说，这些内容涵盖了架构师技术技能的各个方面，但是在学习和实践的过程中，技术的全面与精通必然会有冲突，那该怎么办呢？对于架构师而言，应该优先建立全面的技术知识体系，然后针对知识短板和实践中遇到的问题，有针对性地提高和学习。本书的目的就在于此，即全面呈现架构师的知识结构体系与相关技术的本质和内涵，使读者构建架构知识之网，能从全局思考并面对自己的工作。

而构建知识体系的过程，是学习，也是修炼。

|目　录|

第一部分

架构师的基础知识修炼

第 1 章

操作系统原理
程序是如何运行和崩溃的

软件的核心载体是程序代码，软件开发的主要工作产出也是代码，但是代码若只是被存储在磁盘上，其本身并没有任何价值，要想实现软件的价值，代码就必须运行起来。那么，代码是如何运行的？在运行中又可能出现什么问题呢？

1.1 程序是如何运行起来的

软件被开发出来时是文本格式的代码，这些代码通常不能直接运行，需要使用编译器编译成操作系统或者虚拟机可以运行的代码，即可执行代码，它们都被存储在文件系统中。不管是文本格式的代码还是可执行的代码，都被称为程序。程序是静态的，存储在磁盘里。要想让程序处理数据、完成计算任务，必须把程序从外部设备加载到内存中，并在操作系统的管理调度下交给 CPU 执行，运行起来才能真正发挥软件的作用。程序运行起来以后，被称作进程。

进程除了包含可执行的程序代码，还包括在运行期使用的堆内存空间、栈内存空间、供操作系统管理使用的数据结构，如图 1-1 所示。

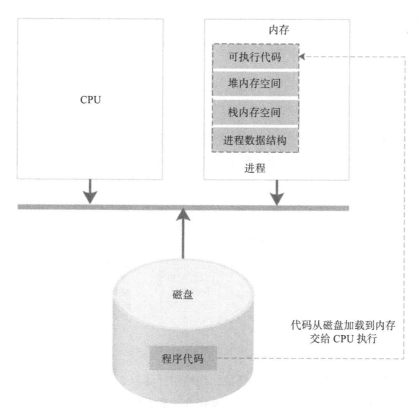

图 1-1　操作系统进程架构

操作系统把可执行代码加载到内存中，生成相应的数据结构和内存空间后，就从可执行代码的起始位置读取指令交给 CPU 顺序执行。在指令执行过程中，可能会遇到一条跳转指令，即 CPU 要执行的下一条指令不是内存中紧跟着的下一条指令。编程中使用的循环语句 for、while 和 if…else…最后都被编译成跳转指令。

如果程序运行时需要创建数组等数据结构，操作系统就会在进程的堆空间申请一块相应的内存空间，并把这块内存的首地址信息记录在进程的栈中。堆是一块无序的内存空间，任何时候进程需要申请内存，都会从堆空间中分配，分配到的内存地址则记录在栈中。

栈是一个严格的后进先出的数据结构，同样由操作系统维护，主要用来记录函数内部的局部变量、堆空间分配的内存空间地址等。

我们以如下代码示例描述函数调用过程中栈的操作过程：

```
void f(){
    int x = g(1);
    x++; //g 函数返回,当前栈顶部为 f 函数栈帧,在当前栈帧继续执行 f
        // 函数的代码。
}
int g(int x){
    return x + 1;
}
```

每次函数调用,操作系统都会在栈中创建一个栈帧(stack frame)。正在执行的函数参数、局部变量、申请的内存地址等都在当前栈帧中,也就是栈的顶部栈帧中,如图 1-2 所示。

图 1-2 函数调用时的栈帧变化

当 f 函数执行的时候,f 函数就在栈顶,栈帧中存储着 f 函数的局部变量、输入参数,等等。当 f 函数调用 g 函数时,当前执行函数就变成 g 函数,操作系统会为 g 函数创建一个栈帧并放置在栈顶。当函数 g 调用结束时,程序返回 f 函数,g 函数对应的栈帧出栈,顶部栈帧又变为 f 函数,继续执行 f 函数的代码,也就是说,真正执行的函数永远都在栈顶。而且因为栈帧是隔离的,所以不同的函数可以定义相同的变量,而不会发生混乱。

1.2 一台计算机如何同时处理数以百计的任务

我们日常所使用的 PC(个人计算机)通常只是单核或双核的 CPU,部署应用程序的服务器则有更多的 CPU 核心,一般是几核或者几十核,PC 可以让我们在编程的同时听音乐、下载文件,而服务器则可以同时处理数以百计甚至数以千计的并发用户请求。

为什么一台计算机服务器可以同时处理数以百计、数以千计的计算任务呢?这里主要依靠的是操作系统的 CPU 分时共享技术。如果同时有很多个进程在执行,操作系统会将 CPU 的执行时间分成很多份,进程按照某种策略轮流在 CPU 上运行。现代 CPU 的计算能力非常强大,虽然每个进程都只被执行很短的一段时间,但是在外部看来却像是所有的进程在同时执行，每个进程似乎都独占一个 CPU。

从外部看起来好像多个进程在同时运行，但是实际上进程并不总是在 CPU 上运行。一方面进程共享 CPU，所以需要等待 CPU 运行；另一方面，进程在执行 I/O 操作的时候，也不需要 CPU 运行。在生命周期中，进程主要有三种状态：运行、就绪和阻塞。

- □ 运行：当一个进程在 CPU 上运行时，则称该进程处于运行状态。处于运行状态的进程的数目小于或等于 CPU 的数目。
- □ 就绪：当一个进程获得了除 CPU 以外的一切所需资源，只要得到 CPU 即可运行，则称此进程处于就绪状态，有时候就绪状态也被称为等待运行状态。
- □ 阻塞：也称为等待或睡眠状态，当一个进程正在等待某一事件发生（例如，等待 I/O 完成、等待锁）而暂时停止运行时，这时即使把 CPU 分配给进程也无法运行，则称该进程处于阻塞状态。

不同进程在 CPU 上轮流执行，每次都要进行进程间的 CPU 切换，代价是非常大的。实际上，每个用户请求对应的不是一个进程，而是一个线程。线程可以理解为轻量级的进程，在进程内创建，拥有自己的线程栈。在 CPU 上进行线程切换的代价也相对更小。线程在运行时，与进程一样，也有三种主要状态，从逻辑上看，进程的主要概念都可以套用到线程上。我们在进行服务器应用开发的时候，通常都是多线程开发。充分理解线程对我们设计、开发软件非常有价值。

1.3　系统为什么会变慢，为什么会崩溃

现在的服务器软件系统主要使用多线程技术实现多任务处理，以完成对很多用户的并发请求处理。也就是我们开发的应用程序通常以一个进程的方式在操作系统中启动，然后在进程中创建很多线程，每个线程处理一个用户请求。

以 Java 的 Web 开发为例，通常我们在编程的时候并不需要自己创建和启动线程，那么，程序是如何被多线程并发执行，同时处理多个用户请求的呢？实际上，启动多线程，为每个用户请求分配一个处理线程的工作是在 Web 容器中完成的，比如常用的 Tomcat 容器，如图 1-3 所示。

Tomcat 启动多个线程，为每个用户请求分配一个线程，调用和请求 URL 路径相对应的 Servlet（或者 Controller）代码，完成用户请求处理。而 Tomcat 是在 Java 虚拟机进

程中，Java 虚拟机则被操作系统当作一个独立进程管理。真正完成最终计算的，是 CPU、内存等服务器硬件，操作系统将这些硬件进行分时（CPU）、分片（内存）管理，虚拟化成一个独享资源，让 JVM 进程在其上运行。

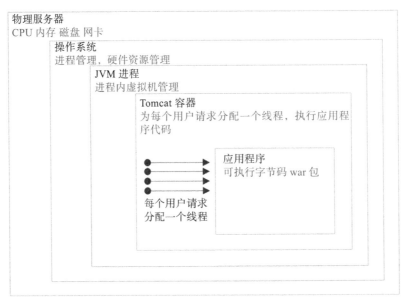

图 1-3　Tomcat Web 容器架构过程视图

以上就是一个 Java Web 应用运行时的主要架构，有时也被称作架构过程视图。需要注意的是，这里有一件很容易被多数 Web 开发者忽略的事情，那就是不管你是否意识到，你开发的 Web 程序都是被多线程执行的，Web 开发天然就是多线程开发。

CPU 以线程为单位进行分时共享执行。可以想象，代码被加载到内存空间后，有多个线程在这些代码上执行，这些线程从逻辑上看是同时运行的，每个线程有自己的线程栈，所有的线程栈都是完全隔离的，也就是每个方法的参数和方法内的局部变量都是隔离的，一个线程无法访问其他线程的栈内数据。

但是当某些代码修改内存堆里的数据的时候，如果有多个线程在同时执行，就可能出现同时修改数据的情况。比如，两个线程同时对一个堆中的数据执行 +1 操作，最终这个数据只会被加一次，这就是人们常说的线程安全问题。实际上线程的结果应该是依次执行 +1 操作，即最终的结果应该是"+2"。

多个线程访问共享资源的这段代码被称为临界区，解决线程安全问题的主要方法是使用锁，将临界区的代码加锁，只有获得锁的线程才能执行临界区代码，如下：

```
lock.lock();  // 线程获得锁
i++;  // 临界区代码，i 位于堆中
lock.unlock();  // 线程释放锁
```

如果在当前线程执行到第一行，获得锁的代码时，锁已经被其他线程获取且没有释放，那么，这个线程就会进入阻塞状态，等待前面释放锁的线程将自己唤醒并重新获得锁。

锁会引起线程阻塞。如果有很多线程同时运行，那么就会出现线程排队等待锁的情况，线程无法并行执行，系统响应速度就会变慢。此外 I/O 操作会引起阻塞，对数据库连接的获取也可能引起阻塞。目前，典型的 Web 应用都是基于关系数据库的，Web 应用要想访问数据库，必须获得数据库连接。而受数据库资源限制，每个 Web 应用能建立的数据库连接都是有限的，如果并发线程数超过了连接数，那么部分线程就会因无法获得连接而进入阻塞状态，等待其他线程释放连接后才能访问数据库。并发的线程数越多，等待连接的时间也越长，从 Web 请求者角度看，响应时间变长，系统变慢。

被阻塞的线程越多，占据的系统资源也越多，这些被阻塞的线程既不能继续执行，也不能释放当前已经占据的资源，在系统中一边等待一边消耗资源。如果阻塞的线程数超过了某个系统资源的极限，就会导致系统宕机，应用崩溃。

解决系统因高并发而导致的响应变慢、应用崩溃的主要方法是使用分布式系统架构，用更多的服务器构成一个集群，以便共同处理用户的并发请求，保证每台服务器的并发负载不会太高。此外，必要时还需要在请求入口处进行限流，减少系统的并发请求数；在应用内进行业务降级，减少线程的资源消耗，高并发系统架构方案将在本书第三部分中进一步探讨。

1.4　小结

事实上，现代 CPU 和操作系统的设计远比本章讲的要复杂得多，但是基本原理大致就是如此。为了让程序能很好地执行，软件开发的时候要考虑很多情况；此外，为了让软件更好地发挥效能，需要在部署上进行规划和架构。关于软件是如何运行的，应该是软件工程师和架构师具备的常识，在设计开发软件时，应该时刻以常识去审视自己的工作，确保软件开发在正确的方向上前进。

第 2 章

数据结构原理
Hash 表的时间复杂度为什么是 $O(1)$

大概十年前，我在阿里巴巴工作的时候，与另一名面试官一起进行了一场技术面试，面试过程中我问了一个问题：Hash 表的时间复杂度为什么是 $O(1)$？应聘人员没有回答上来。面试结束后，我和那位面试官有了分歧，我觉得这个问题没有回答上来是不可接受的，而他则觉得这个问题有一点难度，回答不上来并不能说明什么。

因为有了这次争执，后来这个问题成为我面试时的必考题。此后十年间，我用这个问题面试了大约上千人，这些面试经历让我更加坚定了一个想法：这个问题就是应聘者技术水平的一个分水岭，是证明一个技术人员是否具有必备专业技能和技术悟性的一个门槛。为什么呢？我很难想象，如果一个技术员没有掌握好基本的数据结构，如何能开发好一个稍微复杂一点的程序？

要了解 Hash 表，需要先从数组说起。

2.1 数组的结构

数组是最常用的数据结构，创建数组需要内存中一块连续的空间，并且数组中必须存放相同的数据类型。比如，我们创建一个长度为 10、数据类型为整型的数组，在内存中的地址是从 1000 开始，那么它在内存中的存储格式如图 2-1 所示。

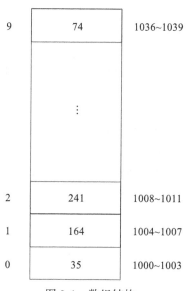

图 2-1　数组结构

由于每个整型数据占据四字节的内存空间，因此整个数组的内存空间地址是 1000 ~ 1039，据此，我们就可以轻易算出数组中每个数据的内存下标地址。利用这个特性，我们只要知道了数组下标，也就是数据在数组中的位置，比如下标 2，就可以计算得到这个数据在内存中的位置为 1008，从而对这个位置的数据 241 进行快速读写访问，时间复杂度为 $O(1)$。

随机快速读写是数组的一个重要特性，但是要随机访问数据，必须知道数据在数组中的下标。如果我们只知道数据的值，想要在数组中找到这个值，就只能遍历整个数组，时间复杂度为 $O(N)$。

2.2　链表的结构

不同于数组必须要连续的内存空间，链表可以使用零散的内存空间存储数据。不过，因为链表在内存中的数据不是连续的，所以链表中的每个数据元素都必须包含一个指向下一个数据元素的内存地址指针。在图 2-2 中，链表的每个元素包含两部分：一部分是数据，另一部分是指向下一个元素的地址指针 next。最后一个元素指向 null，表示链表到此为止。

图 2-2　链表结构

因为链表是不连续存储的，要想在链表中查找一个数据，只能遍历链表，所以链表的查找复杂度是 $O(N)$。

但是正因为链表是不连续存储的，所以在链表中插入或者删除一个数据是非常容易的，只要找到要插入（或删除）的位置，修改链表指针就可以了。在图 2-3 中，想在 b 和 c 之间插入一个元素 x，只需要将 b 指向 c 的指针修改为指向 x，然后将 x 的指针指向 c 就可以了。

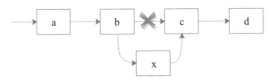

图 2-3　在链表中插入元素

相比在链表中轻易插入、删除一个元素这种简单的操作，在数组中插入、删除一个数据会改变数组连续内存空间的大小，需要重新分配内存空间，因此要复杂得多。

2.3　Hash 表的结构

前面说过，对数组中的数据进行快速访问必须要通过数组的下标来实现，时间复杂度为 $O(1)$。如果只知道数据或者数据中的部分内容，想在数组中找到这个数据，需要遍历数组，时间复杂度为 $O(N)$。

事实上，知道部分数据来查找完整数据的需求在软件开发中会经常用到，比如，知道了商品 ID，想要查找完整的商品信息；知道了词条名称，想要查找百科词条中的详细信息等。

这类场景就需要用到 Hash 表这种数据结构，Hash 表中的数据以 Key-Value 的方式存储，在上面例子中，商品 ID 和词条名称就是 Key，商品信息和词条详细信息就是 Value。

存储的时候将 Key、Value 写入 Hash 表，读取的时候，只需要提供 Key，就可以快速找到 Value。

　　Hash 表的物理存储其实是一个数组，如果我们能够根据 Key 计算出数组下标，那么，就可以在数组中快速查找到需要的 Key 和 Value。许多编程语言支持获得任意对象的 HashCode，比如，Java 语言中 HashCode 方法包含在根对象 Object 中，其返回一个 Int 类型的值。我们可以利用这个 Int 类型的 HashCode 计算数组下标。最简单的方法就是余数法，使用 Hash 表的数组长度对 HashCode 求余，余数即为 Hash 表数组的下标，使用这个下标就可以直接访问得到 Hash 表中存储的 Key、Value，如图 2-4 所示。

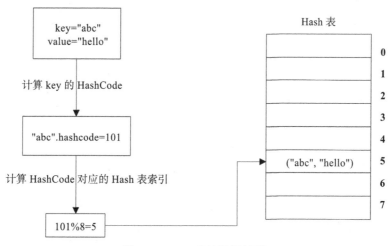

图 2-4　Hash 表的访问过程

　　在图 2-4 这个例子中，Key 是字符串 abc，Value 是字符串 hello。我们先计算 Key 的 Hash 值，得到 101 这样一个整型值，然后用 101 对 8 取模，这个 8 是 Hash 表数组的长度。101 对 8 取模余 5，这个 5 就是数组的下标，这样就可以把（"abc"，"hello"）这样一个 Key-Value 值对存储在下标为 5 的数组记录中。

　　当我们要读取数据的时候，只要给定 Key（abc），还是用同样的算法过程，先求取它的 HashCode（101），然后再对 8 取模，因为数组的长度不变，对 8 取模以后依然是余 5，那么，我们在数组下标中找 5 这个位置，就可以找到前面存储进去的"abc"对应的 Value 值。

　　但是，如果不同的 Key 计算出来的数组下标相同怎么办？ 101 对 8 取模余 5，109 对 8 取模还是余 5，也就是说，不同的 Key 有可能计算得到相同的数组下标，这就是所谓的

Hash 冲突，解决 Hash 冲突常用的方法是链表法。

事实上，（"abc"，"hello"）这样的 Key-Value 数据并不会直接存储在 Hash 表的数组中，因为数组要求存储固定的数据类型，主要是每个数组元素中要存放固定长度的数据。所以，数组中存储的是 Key、Value 数据元素的地址指针。一旦发生 Hash 冲突，只需要将相同下标、不同 Key 的数据元素添加到这个链表就可以了，查找的时候再遍历这个链表，匹配正确的 Key。如图 2-5 所示。

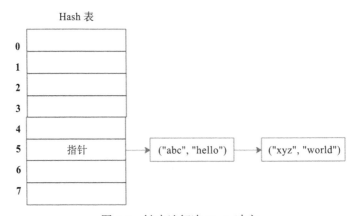

图 2-5　链表法解决 Hash 冲突

因为有 Hash 冲突的存在，所以 "Hash 表的时间复杂度为什么是 $O（1）$？" 这个问题并不严谨，在极端情况下，如果所有 Key 的数组下标都冲突，那么，Hash 表就退化为一条链表，查询的时间复杂度是 $O（N）$。但是作为一道面试题，"Hash 表的时间复杂度为什么是 $O（1）$" 是没有问题的。

2.4　栈的结构

数组和链表都被称为线性表，因为里面的数据是按照线性组织存放的，每个数据元素的前面只能有一个（前驱）数据元素，后面也只能有一个（后继）数据元素。数组和链表的操作可以是随机的，可以对其上的任何元素进行操作。如果对操作方式加以限制，就会形成新的数据结构。

栈就是在线性表的基础上加了这样的操作限制条件，对于后面添加的数据，在删除的时候必须先删除，即通常所说的 "后进先出"。我们可以把栈想象成一个大桶，往桶里面放食物，一层一层地放进去，在要吃的时候，必须从最上面一层吃，吃了几层后，再往里放食物，还是从当前的最上面一层开始放，如图 2-6 所示。

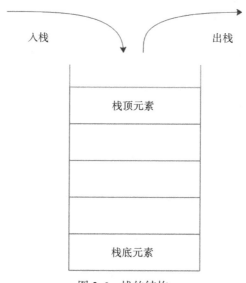

图 2-6 栈的结构

栈在线性表的基础上增加了操作限制，具体实现的时候，因为栈不需要随机访问，也不需要在中间添加、删除数据，所以既可以用数组实现，也可以用链表实现。那么，在顺序表的基础上增加操作限制有什么好处呢？

我们在前面提到的程序运行过程中，调用方法时需要用栈来管理每个方法的工作区，不管方法如何嵌套调用，栈顶元素始终是当前正在执行的方法的工作区。这样，事情就简单了。而简单，正是我们做软件开发应该努力追求的一个目标。

2.5 队列的结构

队列也是一种操作受限的线性表，栈是后进先出，而队列是先进先出，如图 2-7 所示。

图 2-7 队列的结构

在软件运行期，经常会遇到资源不足的情况，如提交任务请求线程池执行，但是线程已经用完了，任务需要放入队列，先进先出排队执行；又如线程在运行中需要访问数据库，数据库连接有限，没有剩余，线程进入阻塞队列，当有数据库连接释放的时候，从阻塞队列头部唤醒一个线程，出队列获得连接并访问数据库。

前面在讲栈时，举了一个大桶放食物的例子，事实上，如果用这种方式存放食物，有可能最底下的食物永远都吃不到，最后过期。

现实中也是如此，超市在货架上摆放食品时，其实是按照队列摆放的，而不是按栈摆放。工作人员在上架新食品的时候，总是把新食品摆在后面，使食品成为一个队列，以便让以前上架的食品被尽快卖出。

2.6　树的结构

数组、链表、栈、队列都是线性表，也就是每个数据元素都只有一个前驱，一个后继。而树则是非线性表，树如图 2-8 所示。

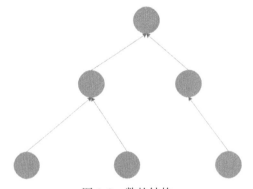

图 2-8　数的结构

在软件开发过程中，也有很多地方会用到树，比如，我们要开发一个 OA 系统，部门的组织结构就是一棵树。我们编写的程序在编译的时候，第一步就是为程序代码生成抽象语法树。传统上树的遍历使用递归的方式，而我个人更喜欢用设计模式中的组合模式进行树的遍历，具体将会在第二部分进一步讨论。

2.7　小结

数据结构是一个非常有意思的话题，很多拥有绚丽简历和多年工作经验的应聘者在数据结构的问题上翻了船,他们往往会解释,这些知识都是大学时学过的,工作这些年用不着,所以记不太清楚了。

事实上,如果这些基本数据结构没有掌握好,如何能开发好一个稍微复杂一点的程序呢?令人欣慰的是,近年来,我发现应聘者能够正确回答基本数据结构问题的比例越来越高了,我也越来越坚信,数据结构问题可以当作跨越专业工程师门槛的试金石。作为一个专业软件工程师,不管有多少年的工作经验,说不清楚基础数据结构的工作原理是不能接受的。

第 3 章

Java 虚拟机原理
JVM 为什么被称为机器

人们常说，Java 是一种跨平台的语言，这意味着 Java 开发出来的程序经过编译后，可以在 Linux 系统上运行，也可以在 Windows 系统上运行；可以在 PC、服务器上运行，也可以在手机上运行；可以在 X86 的 CPU 上运行，也可以在 ARM 的 CPU 上运行。

不同的操作系统，特别是不同的 CPU 架构，是不可能执行相同的指令的。而 Java 之所以有这种神奇的特性，就是因为 Java 编译的字节码文件不是直接在底层的系统平台上运行，而是在 Java 虚拟机（JVM）上运行的。JVM 屏蔽了底层系统的不同，为 Java 字节码文件构造了一个统一的运行环境。JVM 本质上也是一个应用程序，启动以后加载执行 Java 字节码文件。JVM 的全称是 Java Virtual Machine，那么读者有没有想过，这样一个应用程序为什么被称为机器（machine）呢？

其实，如果回答了这个问题，也就了解了 JVM 的底层构造。这样在进行 Java 开发的时候，不管遇到什么问题，都可以思考一下它在 JVM 层面上是如何实现的，然后进一步查找资料、分析问题，直至真正地解决问题。

3.1　JVM 的构造

要想知道这个问题的答案，首先需要了解 JVM 的构造。JVM 主要由类加载器、运行时数据区、执行引擎三个部分组成，如图 3-1 所示。

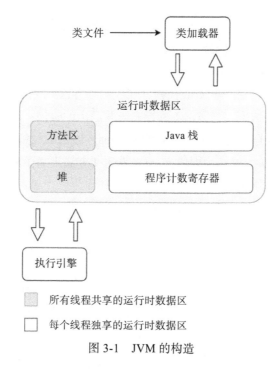

图 3-1　JVM 的构造

运行时数据区主要包括方法区、堆、Java 栈、程序计数寄存器。

方法区主要存放从磁盘加载进来的类字节码，而在程序运行过程中创建的类实例则存放在堆里。程序运行的时候，实际上是以线程为单位运行的，当 JVM 进入启动类的main 方法的时候，就会为应用程序创建一个主线程，main 方法里的代码就会被这个主线程执行，每个线程都有自己的 Java 栈，Java 栈里存放着方法运行时的局部变量。而对于当前线程执行到哪一行字节码指令，这个信息则被存放在程序计数寄存器中。

典型的 Java 程序运行过程如下所示。

通过 Java 命令启动 JVM，JVM 的类加载器根据 Java 命令的参数到指定的路径加载 .class 类文件，.class 类文件被加载到内存后，存放在专门的方法区，然后 JVM 创建一个主线程执行这个类文件的 main 方法，main 方法的输入参数和方法内定义的变量被压入 Java 栈。如果在方法内创建了一个对象实例，那么这个对象实例信息将会存放到堆里，而对象实例的引用，也就是对象实例在堆中的地址信息则会被记录在栈里。堆中记录的对象实例信息主要是成员变量信息，因为类方法内的可执行代码存放在方法区，而方法内的局部变量存放在线程的栈里。

一开始，程序计数寄存器存放的是 main 方法的第一行代码位置，JVM 的执行引擎根据这个位置在方法区的对应位置加载这一行代码指令，将其解释为自身所在平台的 CPU 指令后交给 CPU 执行。如果在 main 方法里调用了方法 f，那么，在进入方法 f 的时候，会在 Java 栈中为方法 f 创建一个新的栈帧，当线程在方法 f 内执行的时候，方法内的局部变量都存放在这个栈帧里。当方法 f 执行完毕并退出的时候，这个栈帧从 Java 栈中出栈，这样当前栈帧也就是堆栈的栈顶就又回到了 main 方法的栈帧，使用这个栈帧里的变量，继续执行 main 方法。这样，即使 main 方法和 f 方法定义了相同的变量，JVM 也不会弄错。这部分内容在第 1 章中已经讨论过，JVM 作为一个机器（machine），与操作系统处理线程栈的方法是一样的，如图 3-2 所示。

图 3-2　JVM 线程栈结构

Java 的线程安全常常让人困惑，可以试着从 Java 栈的角度来理解，所有在方法内定义的基本类型变量，都会被每个运行这个方法的线程放入自己的栈中，线程的栈彼此隔离，所以这些变量一定是线程安全的。如果在方法里创建了一个对象实例，而且这个对象实例没有被方法返回或者放入某些外部的对象容器中，也就是说，这个对象的引用没有离开这个方法，虽然这个对象被放置在堆中，但是这个对象不会被其他线程访问到，它也是线程安全的。

相反，像 Servlet 这样的对象，在 Web 容器中创建以后，会被传递给每个访问 Web 应用的用户线程执行，这个对象就不是线程安全的。但这并不意味着一定会引发线程安全问题，如果 Servlet 对象里没有成员变量，即使多线程同时执行这个 Servlet 对象实例的方法，也不会造成成员变量冲突。这种对象被称作无状态对象，也就是说对象不记录状态，执行这个对象的任何方法都不会改变对象的状态，也就不会有线程安全问题了。事实上，在 Web 开发实践中，常见的 Service 类、DAO 类都被设计成无状态对象，虽然我们开发的 Web 应用都是多线程的应用（因为 Web 容器一定会创建多线程来执行相应的代码），但是我们在开发中却很少考虑线程安全的问题。

再回过头看 JVM，它封装了一组自定义的字节码指令集，有自己的程序计数器和执行引擎，像 CPU 一样，可以执行运算指令。它还像操作系统一样有自己的程序装载与运行机制、内存管理机制、线程及栈管理机制，看起来就像是一台完整的计算机，这就是 JVM 被称为机器的原因。

3.2　JVM 的垃圾回收

事实上，JVM 比操作系统更进一步，它不但可以管理内存，还可以对内存进行自动垃圾回收。所谓自动垃圾回收就是将 JVM 堆中不再使用的对象清理掉，释放宝贵的内存资源。那么，要想进行垃圾回收，首先一个问题就是如何知道哪些对象是不再被使用的，是可以清理的。

JVM 通过一种可达性分析算法进行垃圾对象的识别，具体过程是：先从线程栈帧中的局部变量或者方法区的静态变量出发，将这些变量引用的对象进行标记，然后看这些被标记的对象是否引用了其他对象，继续进行标记，所有被标记过的对象都是被使用的对象，而那些没有被标记的对象就是可回收的垃圾对象了。由此可以看出来，可达性分析算法其实是一个引用标记算法。

标记完以后，JVM 就会对垃圾对象占用的内存进行回收，回收主要有三种方法。例如，垃圾回收前内存占用如图 3-3 所示。

图 3-3　垃圾回收前内存状况

第一种方法是清理：将垃圾对象占据的内存清理掉。其实 JVM 并不会真的将这些垃圾内存进行清理，而是将这些垃圾对象所占用的内存空间标记为空闲，记录在一个空闲列表里，当应用程序需要创建新对象的时候，就从空闲列表中找一段空闲内存分配给这个新对象，如图 3-4 所示。

堆空间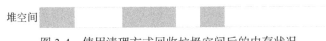

图 3-4　使用清理方式回收垃圾空间后的内存状况

但这样做有一个很明显的缺陷，就是由于垃圾对象是散落在内存空间各处的，所以标记出来的空闲空间也是不连续的，当应用程序创建一个数组需要申请一段连续的大内存空间时，即使堆空间中有足够的空闲空间，也无法为应用程序分配内存。

第二种方法是压缩：从堆空间的头部开始，将存活的对象拷贝放在一段连续的内存空间中，那么，其余的空间就是连续的空闲空间，如图 3-5 所示。

堆空间

图 3-5　使用压缩方式回收垃圾空间后的内存状况

第三种方法是复制：将堆空间分成两部分，只在其中一部分创建对象，当这部分空间用完的时候，将标记过的可用对象复制到另一个空间中。JVM 将这两个空间分别命名为 from 区域和 to 区域。当对象从 from 区域复制到 to 区域后，两个区域交换名称引用，继续在 from 区域创建对象，直到 from 区域没有空间，如图 3-6 所示。

堆空间

图 3-6　使用复制方式回收垃圾空间后的内存状况

JVM 在进行具体的垃圾回收的时候，会进行分代回收。绝大多数的 Java 对象存活时间都非常短，很多时候就是在一个方法内创建对象，对象引用放在栈中，当方法调用结束，栈帧出栈时这个对象就失去引用，成为垃圾。针对这种情况，JVM 将堆空间分成新生代（young）和老年代（old）两个区域，创建对象的时候只在新生代创建，当新生代空间不足时，只对新生代进行垃圾回收，这样需要处理的内存空间就比较小，垃圾回收速度就比较快。

新生代又分为 Eden、From 和 To 三个区域，每次垃圾回收都是扫描 Eden 区和 From 区，将存活对象复制到 To 区，然后交换 From 区和 To 区的名称引用，下次垃圾回收的时候继续将存活对象从 From 区复制到 To 区。当一个对象经过几次新生代垃圾回收，也就是几次从 From 区复制到 To 区以后，依然存活，那么，这个对象就会被复制到老年代区域。

当老年代空间已满，也就是无法将新生代中多次复制后依然存活的对象复制进去的时候，就会对新生代和老年代的内存空间进行一次全量垃圾回收，即 Full GC。所以根据应用程序的对象存活时间，合理设置老年代和新生代的空间比例对 JVM 垃圾回收的性能有很大影响，JVM 设置老年代和新生代比例的参数是 -XX:NewRatio，分代垃圾回收如图 3-7 所示。

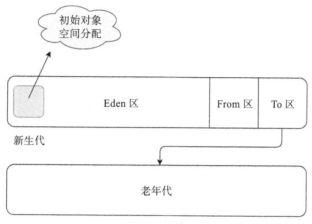

图 3-7　JVM 分代垃圾回收

JVM 中，具体执行垃圾回收的垃圾回收器有四种：

第一种是串行（Serial）垃圾回收器，这是 JVM 早期的垃圾回收器，只有一个线程执行垃圾回收。

第二种是并行（Parallel）垃圾回收器，它启动多线程执行垃圾回收。如果 JVM 运行在多核 CPU 上，显然并行垃圾回收要比串行垃圾回收效率高。

在串行和并行垃圾回收过程中，当垃圾回收线程工作的时候，必须停止用户线程的工作，否则可能会导致对象的引用标记错乱，因此垃圾回收过程也被称为"stop-the-world"，在用户视角看来，所有的程序都不再执行，意味着整个世界都停止了。

第三种是 CMS 并发垃圾回收器，在垃圾回收的某些阶段，垃圾回收线程和用户线程可以并发运行，因此对用户线程的影响较小。如 Web 应用这类对用户响应时间比较敏感的场景，适用 CMS 垃圾回收器。

最后一种是 G1 垃圾回收器，它将整个堆空间分成多个子区域，然后在这些子区域上各自独立进行垃圾回收，在回收过程中垃圾回收线程和用户线程也是并发运行的。G1 综合了之前几种垃圾回收器的优势，适用于各种场景，是未来主要的垃圾回收器。

几种垃圾回收器示意图如图 3-8 所示。

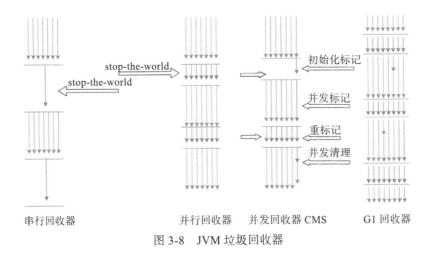

初始化标记

并发标记

重标记

并发清理

stop-the-world

stop-the-world

串行回收器　　　　　　并行回收器　　并发回收器 CMS　　　G1 回收器

图 3-8　JVM 垃圾回收器

3.3　Web 应用程序在 JVM 中的执行过程

理解程序运行时的执行环境,直观感受程序是如何运行的,对我们开发和维护软件很有意义。我们看 Java Web 程序的运行时环境是什么样的,并重新梳理进程、线程、应用、Web 容器、Java 虚拟机和操作系统之间的关系。

我们用 Java 开发 Web 应用,开发完成,编译打包以后得到的是一个 war 包,这个 war 包放入 Tomcat 的应用程序路径下,启动 Tomcat 就可以通过 HTTP 请求访问这个 Web 应用了。

在这个场景下,进程是哪个?线程有哪些? Web 程序的 war 包是如何启动的? HTTP 请求如何被处理? Tomcat 在这里扮演的是什么角色? JVM 又扮演了什么角色?

首先,我们是通过执行 Tomcat 的 Shell 脚本启动 Tomcat 的。而在 Shell 脚本里,其实启动的是 Java 虚拟机,大概是这样一个 Shell 命令:

```
java org.apache.catalina.startup.Bootstrap "$@" start
```

所以,我们在 Linux 操作系统执行 Tomcat 的 Shell 启动脚本,Tomcat 启动以后,其实在操作系统里看到的是一个 JVM 虚拟机进程。这个虚拟机进程启动以后,加载 class 类文件来执行,首先加载的是这个 org.apache.catalina.startup.Bootstrap 类,这个类里面有一个 main() 函数,是整个 Tomcat 的入口函数,JVM 虚拟机会启动一个主线程从这个入口函数开始执行。

主线程从 Bootstrap 的 main() 函数开始执行，初始化 Tomcat 的运行环境，这时候就需要创建一些线程，比如负责监听 80 端口的线程、处理客户端连接请求的线程，以及执行用户请求的线程，创建这些线程的代码是 Tomcat 代码的一部分。

初始化运行环境之后，Tomcat 就会扫描 Web 程序路径，扫描到开发的 war 包后，再加载 war 包里的类到 JVM。因为 Web 应用是被 Tomcat 加载运行的，所以我们也称 Tomcat 为 Web 容器。

如果有外部请求发送到 Tomcat，也就是外部程序通过 80 端口与 Tomcat 进行 HTTP 通信的时候，Tomcat 会根据 war 包中的 web.xml 配置，决定这个请求 URL 应该由哪个 Servlet 处理，然后 Tomcat 就会分配一个线程去处理这个请求。实际上，就是这个线程执行相应的 Servlet 代码。

Tomcat 启动时，启动的是 JVM 进程，这个进程首先执行 JVM 的代码，而 JVM 会加载 Tomcat 的 class 文件执行，并分配一个主线程，其次这个主线程会从 main() 函数开始执行。在主线程执行过程中，Tomcat 的代码还会启动其他一些线程，包括处理 HTTP 请求的线程。

而我们开发的应用也是一些 class 文件，被 Tomcat 代码加载到这个 JVM 里执行，所以，即使这里有多个应用被加载，也只是加载了一些 class 文件，我们的应用被加载进来以后，并没有增加 JVM 进程中的线程数，也就是 Web 应用本身与线程是没有关系的。

而 Tomcat 会根据 HTTP 请求 URL 执行应用中的代码，这时可以理解成每个请求分配一个线程，每个线程执行的都是我们开发的 Web 代码。如果 Web 代码中包含了创建新线程的代码，Tomcat 的线程在执行代码时，就会创建出新的线程，这些线程也会被操作系统调度执行。

如果 Tomcat 的线程在执行代码时，代码抛出未处理的异常，那么，当前线程就会结束执行，这时控制台看到的异常信息其实就是线程堆栈信息，线程会把异常信息以及当前堆栈的方法都打印出来。事实上，这个异常最后还是会被 Tomcat 捕获，然后 Tomcat 会给客户端返回一个 500 错误。单个线程的异常不影响其他线程执行，也就是不影响其他请求的处理。

但是，如果线程在执行代码的时候抛出的是 JVM 错误，比如 OutOfMemoryError，这个时候看起来是"应用 crash"，事实上是整个进程都无法继续执行了，也就是"进程 crash"了，进程内所有应用都不会被继续执行了。

从 JVM 的角度看，Tomcat 与我们的 Web 应用是一样的，都是一些 Java 代码，但是 Tomcat 可以加载执行 Web 代码，而我们的代码又不依赖 Tomcat，这也是一个很有意思的话题。Tomcat 是如何设计的，本书后续章节会继续讨论。

3.4　小结

我们为什么要了解 JVM 呢？ JVM 有很多配置参数，你在 Java 开发过程中也可能会遇到各种问题，了解 JVM 的基本构造可以帮助我们从原理上来解决问题。

比如遇到 OutOfMemoryError，我们就知道是堆空间不足了，原因有两点：可能是 JVM 分配的内存空间不足以让程序正常运行，这时候我们需要通过调整 -Xmx 参数增加内存空间；也可能是程序存在内存泄漏。例如，一些对象被放入 List 或者 Map 等容器对象中，虽然这些对象程序已经不再使用，但是这些对象依然被容器对象所引用，无法进行垃圾回收，导致内存溢出，这时候可以通过 jmap 命令查看堆中的对象情况，分析是否有内存泄漏。

如果遇到 StackOverflowError，我们就知道是线程栈空间不足。栈空间不足通常是因为方法调用的层次太多，导致栈帧太多。我们可以先通过栈异常信息观察是否存在错误的递归调用，因为每次递归都会使嵌套方法调用更深入一层。如果调用是正常的，可以尝试调整 -Xss 参数来增加栈空间大小。

如果程序运行卡顿，部分请求响应延迟比较厉害，那么，可以通过 jstat 命令查看垃圾回收器的运行状况，判断是否存在较长时间的 FullGC，然后调整垃圾回收器的相关参数，使垃圾回收对程序运行的影响尽可能小。

执行引擎在执行字节码指令的时候是解释执行的，也就是每个字节码指令都会被解释成一个底层的 CPU 指令，但是这样的解释执行效率比较差，JVM 对此进行了优化，将频繁执行的代码编译为底层 CPU 指令存储起来，后面再执行的时候直接执行编译好的指令，不再解释执行，这就是 JVM 的即时（JIT）编译。Web 应用程序通常是长时间运行的，使用 JIT 编译会有很好的优化效果，可以通过 -server 参数打开 JIT 的 C2 编译器进行优化。

总之，如果你理解了 JVM 的构造，在进行 Java 开发的时候，当遇到各种问题时都可以思考一下：这在 JVM 层面是怎样的？然后进一步查找资料、分析问题，这样就会真正解决问题，而且经过这样不断地思考分析，你对 Java、对 JVM，甚至对整个计算机的原理体系以及设计理念都会有更多认识和领悟。

第 4 章

网络编程原理
一个字符的互联网之旅

我们开发的面向普通用户的应用程序，目前看来几乎都是互联网应用程序，也就是说，对于用户操作的应用程序，不管是浏览器还是移动 App，核心请求都会通过互联网发送到后端的数据中心进行处理。这个数据中心可能是像微信这样自己建设的、在多个地区部署的大规模机房，也可能是阿里云这样的云服务商提供的一个虚拟主机。

但是，不管这个数据中心的大小，应用程序都需要在运行时与数据中心交互。比如，我们在淘宝的搜索框随便输入一个字符"a"，屏幕上就会看到一大堆商品。那么，我们的手机是如何通过互联网完成这一操作的？这个字符又是如何穿越遥远的空间，从手机发送到淘宝的数据中心，在淘宝计算得到相关的结果，然后将结果再返回到我们的手机上，从而完成自己的互联网之旅的呢？

我们在编程的时候很少自己直接开发网络通信代码，服务器由 Tomcat 这样的 Web 容器管理网络通信，服务间网络通信通过 Dubbo 这样的分布式服务框架来实现。但是我们现在开发的应用主要是互联网应用，它们构建在网络通信基础上，网络通信的问题可能会出现在系统运行的任何时刻。所以，了解网络通信原理，了解互联网应用如何跨越庞大的网络进行构建，对我们开发互联网应用系统很有帮助，也对我们解决系统运行过程中因为网络通信而出现的各种问题更有帮助。

4.1　DNS 域名解析原理

我们先从 DNS 说起。

构成互联网的最基本的网络协议就是互联网协议（Internet Protocol），简称 IP。IP 里面最重要的部分是 IP 地址，要让各种计算机设备之间能够互相通信，首先要它们能够找到彼此，IP 地址就是互联网的地址标识。其次，手机上的淘宝 App 能够访问淘宝的数据中心，就是知道了淘宝数据中心负责请求接入的服务器的 IP 地址，然后建立网络连接，进而处理请求数据。

那么，手机上的淘宝 App 是如何知道数据中心服务器的 IP 地址的呢？当然，淘宝的工程师可以在 App 里写死这个 IP 地址，但是这样做会带来很多问题，比如影响编程的灵活性以及程序的可用性等。

事实上，这个 IP 地址是通过 DNS 域名解析服务器得到的，当我们打开淘宝 App 的时候，淘宝要把 App 首页加载进来，这时候就需要连接域名服务器进行域名解析，将www.taobao.com 这样的域名解析为一个 IP 地址，然后连接目标服务器，如图 4-1 所示。

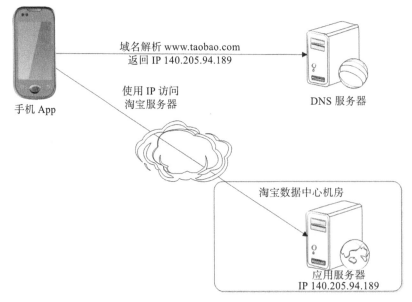

图 4-1　DNS 域名解析过程

4.2 CDN

事实上, DNS 解析出来的 IP 地址并不一定是淘宝数据中心的 IP 地址, 也可能是淘宝 CDN 服务器的 IP 地址。

CDN 是内容分发网络 (Content Delivery Network) 的缩写, 我们能够用手机或者电脑上网, 是因为网络运营服务商为我们提供了互联网接入服务, 将我们的手机和电脑连接到互联网上了。App 请求的数据最先到达的是网络运营服务商的机房, 然后运营商通过自己建设的骨干网络和交换节点, 将请求发往互联网的任何地方。

为了提高用户请求访问的速度, 也为了降低数据中心的负载压力, 淘宝会在全国各地各个主要运营服务商的接入机房中部署一些缓存服务器, 缓存那些静态图片、资源文件等, 这些缓存服务器构成了淘宝的 CDN。

如果用户请求的数据是静态的资源, 这些资源的 URL 通常以 image.taobao.com 之类的二级域名进行标识, 域名解析的时候就会解析为淘宝 CDN 的 IP 地址, 请求先被 CDN 处理, 如果 CDN 中有需要的静态文件, 就直接返回; 如果没有, CDN 会将请求发送到淘宝的数据中心, CDN 从淘宝数据中心获得静态文件后, 一方面缓存在自己的服务器上, 另一方面将数据返回给用户的 App, 如图 4-2 所示。

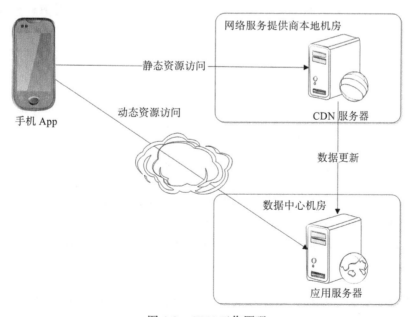

图 4-2 CDN 工作原理

而如果请求的数据是动态的，比如，要搜索关键词为"a"的商品列表，请求的域名可能会是 search.taobao.com 这样的二级域名，就会直接被 DNS 解析为淘宝的数据中心的服务器 IP 地址，App 请求发送到数据中心处理。

4.3　HTTP 的结构

不管发送到 CDN 还是数据中心，App 请求都会以 HTTP 发送。

HTTP 是一个应用层协议，当我们进行网络通信编程的时候，通常需要关注两方面的内容。一方面是应用层的通信协议，主要是我们通信的数据如何编码，既能使网络传输过去的数据携带必要的信息，又能使通信的两方都正确识别这些数据，即通信双方应用程序需要约定一个数据编码协议。另一方面就是网络底层通信协议，即如何为网络上需要通信的两个节点建立连接并完成数据传输，目前互联网应用中最主要的就是 TCP。

在 TCP 传输层协议层面，就是保证通信两方的稳定通信连接，将一方的数据以比特流的方式源源不断地发送到另一方，至于这些数据代表什么意思、哪里是两次请求的分界点，TCP 统统不管，需要应用层面自己解决。如果我们基于 TCP 自己开发应用程序，就必须解决这些问题，而互联网应用需要在全球范围为用户提供服务，将全球的应用和全球的用户联系在一起，需要一个统一的应用层协议，这个协议就是 HTTP。图 4-3 为 HTTP 协议请求头示例。

```
:authority: s.taobao.com
:method: GET
:path: /search?q=a&imgfile=&js=1&stats_click=search_radio_all%3A1&initiative_id=staobaoz_20190819&ie=utf8
:scheme: https
accept: text/html,application/xhtml+xml,application/xml;q=0.9,image/webp,image/apng,*/*;q=0.8,application/signed-exchange;v=b3
accept-encoding: gzip, deflate, br
accept-language: en-US,en;q=0.9,zh-CN;q=0.8,zh;q=0.7
cookie: cookie2=184fe13f4cb49415a1e6be20bdcbcb75; _tb_token_=fa03733606578; v=0; thw=cn; cna=zelzFMbW1gYCATrTbyrVWZzl; tracknick=itsiaid;
```

图 4-3　HTTP 协议请求头示例

在图 4-3 所示的 HTTP 协议请求头的例子中，包括请求方法和请求头参数。请求方法主要有 GET、POST 这两种我们最常用的方法，此外还有 DELETE、PUT、HEAD、TRACE 等几种方法；请求头参数包括缓存控制 Cache-Control、响应过期时间 Expires、Cookie，等等。

HTTP 请求如果是 GET 方法，那么，就只有请求头；如果是 POST 方法，在请求头之后还有一个 body 部分，包含请求提交的内容，HTTP 会在请求头的 Content-Length 参数声明 body 的长度。图 4-4 为 HTTP 协议响应头的示例。

```
content-encoding: gzip
content-language: zh-CN
content-type: text/html;charset=UTF-8
date: Mon, 19 Aug 2019 08:32:59 GMT
eagleeye-traceid: 0be5423d15662035786244103e46cb
server: Tengine/Aserver
set-cookie: JSESSIONID=A0AF849B2137C515F02CD091B2C27F77; Path=/; HttpOnly
status: 200
strict-transport-security: max-age=31536000
timing-allow-origin: *
vary: Accept-Encoding
```

图 4-4　HTTP 协议响应头示例

在图 4-4 所示的 HTTP 协议响应头的示例中，响应头和请求头一样包含各种参数，而 status 状态码声明响应状态，状态码是 200 时表示响应正常。

响应状态码是 3XX 时表示请求被重定向，常用的 302 表示请求被临时重定向到新的 URL，响应头中包含新的临时 URL，客户端接收到响应后，重新请求这个新的 URL；状态码是 4XX 时表示客户端错误，常见的 403 表示请求未授权，被禁止访问，404 表示请求的页面不存在；状态码是 5XX 时表示服务器异常，常见的 500 表示请求未完成，502 表示请求处理超时，503 表示服务器过载。

如果响应正常，那么，在响应头之后就是响应 body，浏览器的响应 body 通常是一个 HTML 页面，App 的响应 body 通常是 JSON 字符串。

4.4　TCP 的结构

应用程序使用操作系统的 socket 接口进行网络编程，socket 里封装了 TCP。应用程序通过 socket 接口使用 TCP 完成网络编程，socket 或者 TCP 在应用程序看来就是一个底层通信协议。事实上，TCP 仅仅是一个传输层协议，在传输层协议之下还有网络层协议，在网络层协议之下还有数据链路层协议，在数据链路层协议之下还有物理层协议。

传输层协议 TCP 和网络层协议 IP 共同构成 TCP/IP 协议栈，成为互联网应用开发最主要的通信协议。OSI 开放系统互连模型将网络协议定义了七层，TCP/IP 协议栈将 OSI 顶部三层协议（应用层、表示层、会话层）合并为一个应用层，HTTP 就是 TCP/IP 协议栈中的应用层协议，如图 4-5 所示。

物理层负责数据的物理传输，计算机输入、输出的只能是 0、1 这样的二进制数据，但是在真正的通信线路里有光纤、电缆、无线各种设备。光信号、电信号以及无线电磁信号在物理上是完全不同的，如何让这些不同的设备能够理解、处理相同的二进制数据，这就是物理层要解决的问题。

数据链路层将数据进行封装后交给物理层进行传输，主要就是将数据封装成数据帧，以帧为单位通过物理层进行通信，有了帧，就可以在帧上进行数据校验和流量控制。数据链路层会定义帧的大小，这个大小也被称为最大传输单元。

图 4-5　TCP/IP 协议结构

就像 HTTP 要在传输的数据上添加一个 HTTP 头一样，数据链路层也会将封装好的帧添加一个帧头，帧头里记录的一个重要信息就是发送者和接收者的 mac 地址。mac 地址是网卡的设备标识符，是唯一的，数据帧通过这个信息确保数据送达正确的目标机器。

前面已经提到，网络层 IP 协议使得互联网应用根据 IP 地址就能访问淘宝的数据中心，请求离开 App 后到达运营服务商的交换机，交换机会根据这个 IP 地址进行路由转发，可能中间会经过很多个转发节点，最后数据到达淘宝的服务器。

网络层的数据需要交给数据链路层进行处理，而数据链路层帧的大小定义了最大传输单元，因此网络层的 IP 数据包必须小于最大传输单元才能进行网络传输，这个数据包也有一个 IP 头，主要包括发送者和接收者的 IP 地址。

IP 不是一个可靠的通信协议，不会确保数据一定送达。要保证通信的稳定可靠，需要传输层协议 TCP。TCP 在传输正式数据前，会先建立连接，这就是著名的 TCP "三次握手"，如图 4-6 所示。

App 和服务器之间发送三次报文才会建立一个 TCP 连接，报文中的 SYN 表示请求建立连接，ACK 表示确认。App 先发送 "SYN=1,Seq=X" 的报文，表示请求建立连接，X 是一个随机数；淘宝服务器收到这个报文后，应答 "SYN=1，ACK=X+1，Seq=Y" 的报文，表示同意建立连接；App 收到这个报文后，检查 ACK 的值为自己发送的 Seq 值加 1，确认建立连接，并发送 ACK=Y+1 的报文给服务器；服务器收到这个报文后检查 ACK 值为自己发送的 Seq 值加 1，确认建立连接。至此，App 和服务器建立起 TCP 连接，就可以进行数据传输了。

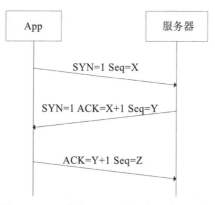

图 4-6　TCP 协议"三次握手"建立连接

　　TCP 也会在数据包上添加 TCP 头，TCP 头除了包含一些用于校验数据正确性和控制数据流量的信息外，还包含通信端口信息。一台机器可能同时与很多进程进行网络通信，如何使数据到达服务器后能发送给正确的进程去处理，就需要靠通信端口进行标识了。HTTP 默认端口是 80，当然我们可以在启动 HTTP 应用服务器进程的时候，随便定义一个数字作为 HTTP 应用服务器进程的监听端口，但是 App 在发送请求的时候，必须在 URL 中包含这个端口，才能在构建的 TCP 包中记录这个端口，也才能在到达服务器后被正确的 HTTP 服务器进程处理。

　　如果我们以 POST 方法提交一个搜索请求给淘宝服务器，那么，最终在数据链路层构建出来的数据帧大概如图 4-7 所示，这里假设 IP 数据包的大小没有超过数据链路层的最大传输单元。

图 4-7　发送一个字符的请求数据帧示例

App 要发送的数据只是 {"key":"a"} 这样一个 JSON 字符串，每一层协议都会在上一层协议基础上添加一个头部信息，最后封装成一个数据链路层的数据帧在网络上传输，发送给淘宝服务器。淘宝服务器在收到这个数据帧后，在通信协议的每一层进行校验检查，确保数据准确后，将头部信息删除，再交给自己的上一层协议处理。HTTP 应用服务器在最上层，负责 HTTP 协议的处理，最后将 key="a" 这个 JSON 字符串交给淘宝工程师开发的应用程序处理。

4.5 链路层负载均衡原理

在 HTTP 请求到达淘宝数据中心的时候，事实上它也并不是直接发送给搜索服务器处理，因为对于淘宝这样日活用户数亿的互联网应用而言，每时每刻都有大量的搜索请求到达数据中心，为了使海量的搜索请求都能得到及时处理，淘宝会部署一个由数千台服务器组成的搜索服务器集群，共同为这些高并发的请求提供服务。

因此，搜索请求到达数据中心时，首先到达的是搜索服务器集群的负载均衡服务器，也就是说，DNS 解析出来的是负载均衡服务器的 IP 地址。然后，由负载均衡服务器将请求分发到搜索服务器集群中的某台服务器上。

负载均衡服务器的实现手段有很多种，像淘宝这种大规模的应用，通常使用 Linux 内核支持的链路层负载均衡，如图 4-8 所示。

这种负载均衡模式也叫直接路由模式，在负载均衡服务器的 Linux 操作系统内核拿到数据包后，直接修改数据帧中的 mac 地址，将其修改为搜索服务器集群中某个服务器的 mac 地址，然后将数据重新发送回服务器集群所在的局域网，这个数据帧就会被某个真实的搜索服务器接收到。

负载均衡服务器和集群内的搜索服务器配置相同的虚拟 IP 地址，也就是说，在网络通信的 IP 层面，负载均衡服务器变更 mac 地址的操作是透明的，不影响 TCP/IP 的通信连接。所以真实的搜索服务器处理完搜索请求，发送应答响应的时候，就会直接发送回请求的 App 手机，不会再经过负载均衡服务器。

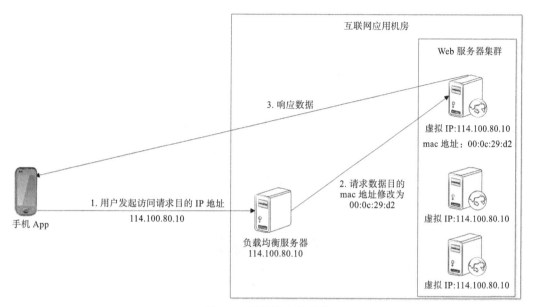

图 4-8 链路层负载均衡

4.6 小结

事实上,这个搜索字符"a"的互联网之旅到这里还没有结束,淘宝搜索服务器程序在收到这个搜索请求时,首先在本地缓存中查找是否有对应的搜索结果。如果没有找到,服务器会将这个搜索请求,也就是这个字符发送给一个分布式缓存集群,查找是否有对应的搜索结果。如果还没有找到,服务器才会将这个请求发送给一个更大规模的搜索引擎集群去查找。

这些分布式缓存集群或者搜索引擎集群,都需要通过 RPC 远程过程调用的方式进行调用请求,也就是需要通过网络进行服务调用,这些网络服务也都是基于 TCP 进行编程的。

对于互联网应用,用户请求数据从离开手机通过各种通信网络,最后到达数据中心的应用服务器并进行最后的计算、处理,中间会经过许多环节。事实上,这些环节就构成了互联网系统的整体架构,所以通过网络通信,可以将整个互联网应用系统串起来,这对理解互联网系统的技术架构很有帮助,在程序开发、运行过程中遇到各种网络相关问题时,也可以快速分析产生问题的原因,以便迅速解决问题。

第 5 章

文件系统原理
用 1 分钟遍历一个 100TB 的文件

文件及硬盘管理是计算机操作系统的重要组成部分，让微软走上成功之路的也正是微软最早推出的 PC 操作系统，这个操作系统叫 DOS，即硬盘操作系统（Disk Operating System）。我们在使用电脑时都离不开硬盘，硬盘既有大小的限制，又有速度的限制，通常存储空间大一点的硬盘也不过几 TB，访问速度快一点的也不过每秒几百 MB。

文件是存储在硬盘上的，文件的读写访问速度必然受到硬盘的物理性能限制，那么，如何才能在一分钟内完成一个 100TB 大文件的遍历呢？

想要知道这个问题的答案，我们就必须知道文件系统的原理。

进行软件开发时，必然要经常与文件系统打交道，而文件系统也是一个软件，了解文件系统的设计原理可以帮助我们更好地使用文件系统。另外，设计文件系统时的各种考量，也对我们自己做软件设计有诸多借鉴意义。

让我们先从硬盘的物理结构说起。

5.1　硬盘结构原理

硬盘是一种可持久保存、多次读写数据的存储介质，硬盘的形式主要有两种：一种是机械式硬盘，另一种是固态硬盘。

机械式硬盘的结构如图 5-1 所示，主要包含盘片、主轴、磁头臂等部件。主轴带动盘片高速旋转，当需要读写硬盘上的数据时，磁头臂会移动磁头到盘片所在的磁道上，磁头读取磁道上的数据。读写数据需要移动磁头，这样一个机械的动作至少需要花费数毫秒的时间，这也是机械式硬盘访问延迟的主要原因。

图 5-1　机械式硬盘的结构

如果一个文件的数据在硬盘上不是连续存储的，比如数据库的 B+ 树文件，那么，要读取这个文件，磁头臂就必须来回移动，花费的时间必然更长。如果文件数据是连续存储的，比如日志文件，那么，磁头臂就可以较少地移动，相比离散存储的同样大小的文件，连续存储的文件的读写速度要快得多。

机械式硬盘的数据就存储在具有磁性特质的盘片上，因此，这种硬盘也被称为磁盘，而固态硬盘则没有这种磁性特质的存储介质，也没有电机驱动的机械式结构。固态硬盘的结构如图 5-2 所示。

固态硬盘的主控芯片处理端口输入指令和数据，然后控制闪存颗粒进行数据读写。由于固态硬盘没有机械式硬盘的电机驱动磁头臂进行机械式物理移动的环节，而是完全的电子操作，因此固态硬盘的访问速度要远快于机械式硬盘。

图 5-2　固态硬盘的结构

　　但是到目前为止，固态硬盘的成本还是明显高于机械式硬盘，因此在生产环境中最主要的存储介质依然是机械式硬盘。如果一个场景对数据访问速度、存储容量、成本都有较高的要求，那么，可以采用固态硬盘和机械式硬盘混合部署的方式，即在一台服务器上既有固态硬盘，也有机械式硬盘，以满足不同文件类型的存储需求，比如，日志文件存储在机械式硬盘上，而系统文件和随机读写的文件存储在固态硬盘上。

5.2　文件系统原理

　　作为应用程序开发者，我们不需要直接操作硬盘，而是通过操作系统，以文件的方式对硬盘上的数据进行读写访问。文件系统将硬盘空间以块为单位进行划分，每个文件占据若干个块，然后再通过一个文件控制块 FCB 记录每个文件占据的硬盘数据块，如图 5-3 所示。

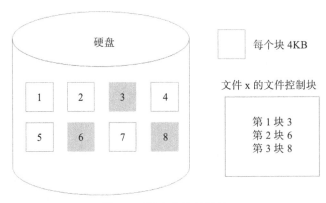

图 5-3　硬盘文件的结构

　　这个文件控制块在 Linux 操作系统中就是 inode，要想访问文件，就必须获得文件的

inode 信息，在 inode 中查找文件数据块索引表，根据索引中记录的硬盘地址信息访问硬盘，读写数据。

　　inode 中记录着文件权限、所有者、修改时间和文件大小等文件属性信息，以及文件数据块硬盘地址索引。inode 是固定结构的，能够记录的硬盘地址索引数也是固定的，只有 15 个索引。其中前 12 个索引直接记录数据块地址，第 13 个索引记录索引地址，也就是说，索引块指向的硬盘数据块并不直接记录文件数据，而是记录文件数据块的索引表，每个索引表可以记录 256 个索引；第 14 个索引记录二级索引地址，第 15 个索引记录三级索引地址，如图 5-4 所示。

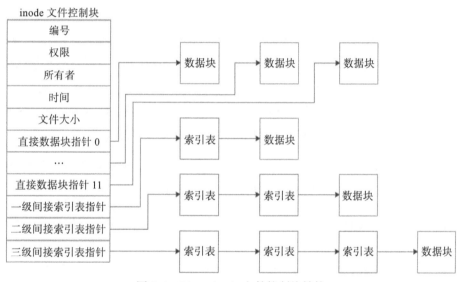

图 5-4　Linux inode 文件控制块结构

　　这样，每个 inode 最多可以存储 12+256+256×256+256×256×256 个数据块，如果每个数据块的大小为 4KB，也就是单个文件最大不超过 70GB，而且即使可以扩大数据块大小，文件大小也要受单个硬盘容量的限制。这样的话，对于我们开头提出的一分钟完成 100TB 大文件的遍历，Linux 文件系统是无法完成的。

　　那么，有没有更有效的解决方案呢？

5.3　RAID 硬盘阵列原理

　　RAID，即独立硬盘冗余阵列，将多块硬盘通过硬件 RAID 卡或者软件 RAID 的方案进行管理，使其共同对外提供服务。RAID 的核心思路是利用文件系统将数据写入硬盘中不同数据块的特性，将多块硬盘上的空闲空间看作一个整体，进行数据写入，也就是说，一个文件的多个数据块可能写入多个硬盘当中。

根据硬盘组织和使用方式不同，常用的 RAID 有五种，分别是 RAID 0、RAID 1、RAID 10、RAID 5 和 RAID 6，如图 5-5 所示。

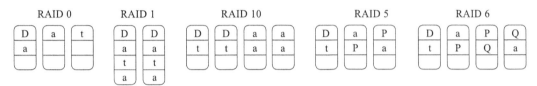

图 5-5　常用的 RAID 数据分片示意图

RAID 0 将一个文件的数据分成 N 片，同时向 N 个硬盘写入，这样单个文件可以存储在 N 个硬盘上，文件容量可以扩大 N 倍，（理论上）读写速度也可以扩大 N 倍。但是使用 RAID 0 的最大问题是文件数据分散在 N 块硬盘上，任何一块硬盘损坏都会导致数据不完整，整个文件系统将全部损坏，文件的可用性就极大地降低了。

RAID 1 则是利用两块硬盘进行数据备份，文件同时向两块硬盘写入，这样任何一块硬盘损坏，都不会出现文件数据丢失的情况，文件的可用性也得到提升。

RAID 10 结合 RAID 0 和 RAID 1，将多块硬盘进行两两分组，文件数据分成 N 片，每个分组写入一片，每个分组内的两块硬盘再进行数据备份。这样既扩大了文件的容量，又提高了文件的可用性。但是这种方式的硬盘的利用率只有 50%，有一半的硬盘得用来做数据备份。

RAID 5 针对 RAID 10 硬盘浪费的情况，将数据分成 N–1 片，再利用这 N–1 片数据进行位运算，计算一片校验数据，然后将这 N 片数据写入 N 个硬盘。这样任何一块硬盘损坏，都可以利用校验片的数据和其他数据进行计算得到这片丢失的数据，而硬盘的利用率也提高到 N–1/N。

RAID 5 可以解决一块硬盘损坏后文件不可用的问题，那么，如果两块硬盘文件损坏的情形将如何解决？ RAID 6 的解决方案是用两种位运算校验算法计算两片校验数据，这样即使在两块硬盘损坏的情况下，还是可以计算得到丢失的数据片的。

实践中使用最多的是 RAID 5，数据被分成 N–1 片且并发写入 N–1 块硬盘，这样既可以将硬盘的利用率最大化，也能得到更高效的读写速度，同时还能保证较好的数据可用性。使用 RAID 5 的文件系统相比简单的文件系统，其容量和读写速度都提高了 $N-1$ 倍，但是一台服务器上能插入的硬盘数量是有限的，通常是 8 块，也就是文件读写速度和存储容量提高了 7 倍，这远远达不到一分钟遍历 100TB 文件的要求。

那么，还有没有更有效的解决方案呢？

5.4 分布式文件系统架构原理

我们再回过头来看看 Linux 的文件系统：文件的基本信息也就是文件元信息，记录在文件控制块 inode 中，文件的数据记录在硬盘的数据块中。inode 通过索引记录数据块的地址，读写文件的时候，查询 inode 中的索引记录得到数据块的硬盘地址，然后访问数据。

如果将数据块的地址改成分布式服务器的地址呢？也就是查询得到的数据块地址不只是本机的硬盘地址，还可以是其他服务器的地址，那么，文件的存储容量就将是整个分布式服务器集群的硬盘容量，这样还可以在不同的服务器上并行读取文件的数据块，文件访问的速度也将极大地加快。

这样的文件系统就是分布式文件系统。分布式文件系统的思路其实与 RAID 一脉相承，就是将数据分成很多片，同时向 N 台服务器进行数据写入。针对一片数据丢失就导致整个文件损坏的情况，分布式文件系统也是采用数据备份的方式，将多个备份数据片写入多个服务器，以保证文件的可用性。当然，也可以采用 RAID 5 的方式，通过计算校验数据片的方式提高文件的可用性。

我们以 Hadoop 分布式文件系统 HDFS 为例看看分布式文件系统的具体架构设计，如图 5-6 所示。

HDFS 的关键组件有两个：一个是 DataNode，另一个是 NameNode。

DataNode 负责文件数据的存储和读写操作。HDFS 将文件数据分割成若干数据块（Block），每个 DataNode 存储一部分数据块，这样文件就分布存储在整个 HDFS 服务器集群中。应用程序客户端（Client）可以并行对这些数据块进行访问，从而使得 HDFS 可以在服务器集群规模上实现数据并行访问，极大地提高了访问速度。在实践中，HDFS

集群的 DataNode 服务器会有很多台，一般为几百台到几千台的规模，每台服务器配有数块硬盘，整个集群的存储容量大概在几 PB 到数百 PB 之间。

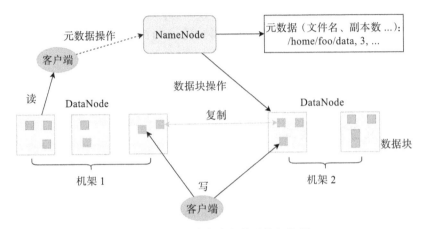

图 5-6　HDFS 分布式文件系统架构图

NameNode 负责整个分布式文件系统的元数据（MetaData）管理，也就是文件路径名、访问权限、数据块的 ID 以及存储位置等信息，相当于 Linux 系统中 inode 的角色。HDFS 为了保证数据的高可用性，会将一个数据块复制为多份（缺省情况为三份），并将多份相同的数据块存储在不同的服务器上，甚至不同的机架上。这样当有硬盘损坏或者某个 DataNode 服务器宕机，甚至某个交换机宕机，导致其存储的数据块不能访问的时候，客户端会查找其备份的数据块进行访问。

有了 HDFS，可以实现单一文件存储几百 TB 的数据，再配合大数据计算框架 MapReduce 或者 Spark，可以对这个文件的数据块进行并发计算。也可以使用 Impala 这样的 SQL 引擎对这个文件进行结构化查询，在数千台服务器上并发遍历 100TB 的数据，一分钟将绰绰有余。

5.5　小结

从简单操作系统文件到 RAID，再到分布式文件系统，文件系统的设计思路其实是具有统一性的。这种统一性体现在两个方面。一方面体现在如何管理文件数据，也就是如何通过文件控制块管理文件的数据，这个文件控制块在 Linux 系统中就是 inode，在 HDFS 中就是 NameNode。

　　另一方面体现在如何利用更多的硬盘实现越来越大的文件存储需求和越来越快的读写速度需求，也就是将数据分片后同时写入多块硬盘。单服务器我们可以通过 RAID 来实现，多服务器则可以将这些服务器组成一个文件系统集群，共同对外提供文件服务，这时候，数千台服务器的数万块硬盘以单一存储资源的方式对文件使用者提供服务，也就是一个文件可以存储数百 TB 的数据，并在一分钟内完成这样一个大文件的遍历。

第 6 章

数据库原理
SQL 为什么要预编译

一些做应用开发的人常常觉得数据库由 DBA 运维，自己会写 SQL 就可以了，数据库原理不需要学习。其实，即使是写 SQL 也是需要了解数据库原理的，比如我们都知道，SQL 的查询条件尽量包含索引字段，但是为什么要这样做？这样做有什么好处呢？你也许会说，使用索引进行查询速度快，但是为什么这样查询速度就快呢？

此外，我们在 Java 程序中访问数据库的时候，有两种提交 SQL 语句的方式：一种是通过 Statement 直接提交 SQL；另一种是先通过 PrepareStatement 预编译 SQL，然后设置可变参数再提交执行。

Statement 直接提交的方式如下：

```
statement.executeUpdate("UPDATE Users SET stateus = 2
    WHERE userID=233");
```

PrepareStatement 预编译的方式如下：

```
PreparedStatement updateUser = con.prepareStatement
    ("UPDATE Users SET stateus = ? WHERE userID = ?");
updateUser.setInt(1, 2);
```

```
updateUser.setInt(2,233);
updateUser.executeUpdate();
```

看代码，似乎第一种方式更简单，但是在编程实践中我们主要使用的是第二种方式。使用 MyBatis 等 ORM 框架时，这些框架内部也是用第二种方式提交 SQL 的。那么，为什么要舍简单而求复杂呢？

要回答上面这些问题，就需要了解数据库的原理，包括数据库的架构原理与数据库文件的存储原理。

6.1　数据库架构与 SQL 执行过程

我们先看看数据库架构原理与 SQL 执行过程。

关系数据库系统（RDBMS）有很多种，但是这些关系数据库的架构基本上差不多，包括支持 SQL 语法的 Hadoop 大数据仓库，也基本上都是相似的架构。一个 SQL 提交到数据库，首先经过连接器将 SQL 语句交给语法分析器，生成一个抽象语法树（AST）；AST 经过语义分析与优化器，进行语义优化，使计算过程和需要获取的中间数据尽可能少，然后得到数据库执行计划；执行计划提交给具体的执行引擎进行计算，将结果通过连接器再返回给应用程序，如图 6-1 所示。

图 6-1　数据库系统架构

应用程序提交 SQL 到数据库执行时，需要建立与数据库的连接。数据库连接器会为每个连接请求分配一块专用的内存空间，用于会话上下文管理。建立连接对数据库而言压力相对较大，需要花费一定的时间，因此应用程序启动时，通常会初始化建立一些数据库连接并放在连接池里，这样当处理外部请求执行 SQL 操作的时候，就不需要花费时间建立连接了。

这些连接一旦建立，不管是否有 SQL 执行，都会消耗一定的数据库内存资源，所以对于一个大规模互联网应用集群来说，如果启动了很多应用程序实例，这些程序都会与数据库建立若干连接，即使不提交 SQL 到数据库执行，也会对数据库造成很大的压力。

所以应用程序需要对数据库连接进行管理。一方面通过连接池对连接进行管理，空闲连接会被及时释放；另一方面微服务架构可以大大减少数据库连接，比如，对于用户数据库来说，所有应用都需要连接到用户数据库，而如果划分一个用户微服务，并独立部署一个比较小的集群，那么，只有这几个用户微服务实例需要连接用户数据库，这样一来需要建立的连接数量大大减少。

连接器收到 SQL 以后，会将 SQL 交给语法分析器进行处理，语法分析器的工作比较简单，也比较机械，就是根据 SQL 语法规则生成对应的抽象语法树。图 6-2 所示是 Oracle 语法分析器生成的抽象语法树。

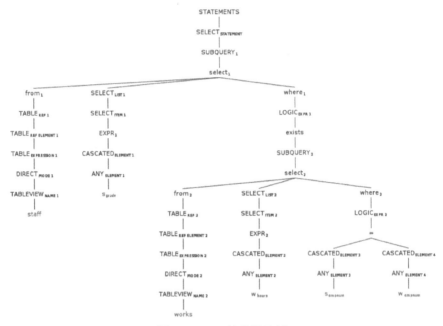

图 6-2　SQL 抽象语法树

如果 SQL 语句中存在语法错误，那么，在生成语法树的时候就会报错。比如，下面这个例子中 SQL 语句里的 where 拼写错误，MySQL 就会报错。

```
mysql> explain select * from users whee id = 1;

ERROR 1064 (42000): You have an error in your SQL syntax;check the manual
that corresponds to your MySQL server version for the right syntax to use
near 'id = 1' at line 1
```

因为语法错误是在构建抽象语法树的时候发现的，所以能够知道错误发生的位置。在上面的示例中，虽然语法分析器不能知道 whee 是一个语法拼写错误，因为这个 whee 可能是表名 users 的别名，但是语法分析器在构建语法树到 "id=1" 时就出错了，所以返回的报错信息可以提示，在 "id = 1" 附近有语法错误。

语法分析器生成的抽象语法树不仅可以用来做语法校验，它也是下一步处理的基础。语义分析与优化器会对抽象语法树进一步做语义优化，也就是在保证 SQL 语义不变的前提下，进行语义等价转换，使最后的计算量和中间过程数据量尽可能小。

比如，对于这样一个 SQL 语句，其语义是表示从 users 表中取出每一个 id 并与 order 表当前记录比较，看其是否相等。

```
select f.id from orders f where f.user_id = (select id from users);
```

事实上，这个 SQL 语句在语义上等价于下面这条 SQL 语句，表间计算关系更加清晰。

```
select f.id from orders f join users u on f.user_id = u.id;
```

SQL 语义分析与优化器就是要将各种复杂嵌套的 SQL 进行语义等价转化，得到有限的几种关系代数计算结构，并利用索引等信息进一步进行优化。可以说，各个数据库最有技术含量的部分就是在优化这里了。

语义分析与优化器最后会输出一个执行计划，由执行引擎完成数据查询或者更新。图 6-3 所示为 MySQL 执行计划的示例。

```
mysql> explain select * from users where id = 1;
+----+-------------+-------+------------+-------+---------------+---------+---------+-------+------+----------+-------+
| id | select_type | table | partitions | type  | possible_keys | key     | key_len | ref   | rows | filtered | Extra |
+----+-------------+-------+------------+-------+---------------+---------+---------+-------+------+----------+-------+
|  1 | SIMPLE      | users | NULL       | const | PRIMARY       | PRIMARY | 4       | const |    1 |   100.00 | NULL  |
+----+-------------+-------+------------+-------+---------------+---------+---------+-------+------+----------+-------+
```

图 6-3　MySQL 执行计划示例

执行引擎是可替换的，只要能够执行这个计划就可以了。所以 MySQL 有多种执行引擎（也叫存储引擎）可以选择，缺省的是 InnoDB，此外还有 MyISAM、Memory 等。我们可以在创建表的时候指定存储引擎。大数据仓库 Hive 也是这样的架构，Hive 输出的执行计划可以在 Hadoop 上执行。

6.2　使用 PrepareStatement 执行 SQL 的好处

在了解了数据库架构与 SQL 执行过程之后，让我们回到开头的问题，应用程序为什么应该使用 PrepareStatement 执行 SQL ？

这样做主要有两个好处。

一是 PrepareStatement 会预先提交带占位符的 SQL 到数据库进行预处理，提前生成执行计划。当给定占位符参数真正执行 SQL 时，执行引擎可以直接执行，效率更高一点。

另一个好处则更为重要，PrepareStatement 可以防止 SQL 注入攻击。假设我们允许用户通过 App 输入一个名字到数据中心查找用户信息，如果用户输入的字符串是 Frank，那么生成的 SQL 如下：

```
select * from users where username = 'Frank';
```

但是，如果用户输入的是下面的字符串：

```
Frank';drop table users;--
```

那么生成的 SQL 如下：

```
select * from users where username = 'Frank';drop table
    users;--';
```

这条 SQL 提交到数据库以后，会被当作两条 SQL 执行：一条是正常的 select 查询 SQL，另一条是删除 users 表的 SQL。如果黑客提交一个请求，然后 users 表被删除，系统崩溃了，这就是 SQL 注入攻击。如果用 Statement 提交 SQL 就会出现这种情况。

但如果使用 PrepareStatement 则可以避免 SQL 被注入攻击。因为开始构造 Prepare-Statement 的时候就已经提交了查询 SQL，并被数据库预先生成了执行计划，后面不管黑客提交什么样的字符串，都只能交给这个执行计划去执行，不可能再生成一个新的 SQL，自然也就不会被攻击了。

```
select * from users where username = ?;
```

6.3 数据库文件存储与索引工作原理

回到文章开头提出的另一个问题，数据库通过索引进行查询能加快查询速度，那么，为什么索引能加快查询速度呢？

数据库索引使用 B+ 树，我们先来看 B+ 树这种数据结构。B+ 树是一种 N 叉排序树，树的每个节点包含 N 个数据，这些数据按顺序排列，两个数据之间是一个指向子节点的指针，而子节点的数据的大小则在这两个数据大小之间，如图 6-4 所示。

B+ 树的节点存储在磁盘上，每个节点存储 1000 多个数据，这样树的深度最多只要四层就可存储数亿数据。如果将树的根节点缓存在内存中，则最多只需要三次磁盘访问就可以检索到需要的索引数据。

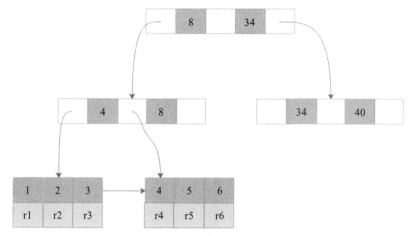

图 6-4　B+ 树（聚簇索引）结构示例

B+ 树只是加快了索引的检索速度，如何通过索引加快数据库记录的查询速度呢？

数据库索引有两种：一种是聚簇索引，其数据库记录和索引存储在一起，图 6-4 就是聚簇索引的示意图，在叶子节点，索引 1 和记录行 r1 存储在一起，查找到索引就是查找到数据库记录。MySQL 数据库的主键就是聚簇索引，主键 ID 和所在的记录行存储在一起。MySQL 的数据库文件实际上是以主键作为中间节点，行记录作为叶子节点的一棵 B+ 树。另一种数据库索引是非聚簇索引，其叶子节点记录的就不是数据行记录，而是聚簇索引，也就是主键，如图 6-5 所示。

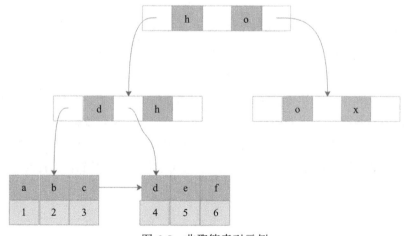

图 6-5　非聚簇索引示例

通过 B+ 树在叶子节点找到非聚簇索引 a，与索引 a 在一起存储的是主键 1，再根据主键 1 通过主键（聚簇）索引就可以找到对应的记录 r1，这种通过非聚簇索引找到主键索引，再通过主键索引找到行记录的过程也被称作回表。

所以通过索引，可以快速查询到需要的记录。如果要查询的字段上没有建立索引，就只能扫描整张表了，查询速度就会慢很多。

数据库除了索引的 B+ 树文件，还有一些比较重要的文件，比如事务日志文件。

数据库可以支持事务。一个事务对多条记录进行更新，要么全部更新，要么全部不更新，不能部分更新，否则像转账这样的操作就会出现严重的数据不一致，从而造成巨大的经济损失。数据库实现事务主要依靠事务日志文件。

在进行事务操作时，事务日志文件会记录更新之前的数据记录，然后再更新数据库中的记录，如果全部记录都更新成功，事务正常结束，如果过程中某条记录更新失败，则整个事务全部回滚，已经更新的记录根据事务日志中记录的数据进行恢复，这样全部数据都恢复到事务提交前的状态，仍然保持数据一致性。

此外，MySQL 数据库还有 binlog 日志文件，记录全部的数据更新操作记录，这样只要有了 binlog 就可以完整复现数据库的历史变更，还可以实现数据库的主从复制，构建高性能、高可用的数据库系统。对此，本书将会在第三部分进一步讲述。

6.4　小结

进行应用开发需要了解 RDBMS 的架构原理，但是关系数据库系统庞大又复杂，对于一般的应用开发者而言，没有必要花费高昂的代价来全面掌握关系数据库的各种实现细节。我们只需要掌握数据库的架构原理与执行过程、数据库文件的存储原理与索引的实现方式，以及数据库事务与数据库复制的基本原理就可以了。在开发工作中，应用开发者应针对各种数据库问题去思考其背后的原理是什么，应该如何处理。通过这样的不断的思考学习，不但能够不断提高应用开发者使用数据库方面的能力，也能使应用开发者对数据库软件的设计理念有更深刻的认识，从而进一步加强其软件设计与架构的能力。

第 7 章

编程语言原理
面向对象编程是编程的终极形态吗

软件架构师必须站在一定的高度去审视自己的软件架构，充分理解工作在更宏大的背景中的位置和作用，构建出一个经得起时间考验的软件系统。这个高度既包括技术的高度和深度，也包括对软件编程认知的程度，还有对软件编程的历史和未来的理解，以及对自己工作的价值和使命感的理解。

7.1 软件编程的远古时代

计算机软件编程是一个新兴行业，程序员这一职业的出现不过半个多世纪，但是追溯人类从事软件编程的探索却更为久远。在计算机出现之前，甚至在蒸汽机发明之前，人类就开始探索软件编程了。

最早开始编程探索的是德国的莱布尼茨。早在 17 世纪，莱布尼茨就期望将各种事物都通过一种逻辑语言进行描述，然后用一种可执行演算规则的机器进行计算，由此计算出事物的各种结果。这种思想其实和我们现代的软件编程与计算机相差无几。莱布尼茨为了实现这个想法，进行了大量的工作，获得了丰硕的成果，其中就包括微积分和二进制。

但是人很难超越生活的时代，莱布尼茨制造可编程计算机的梦想没有实现。百年以后，法国人雅卡尔发明了一台可编程的织布机，这种织布机读取纸带上的打孔信息，进而控制织布机织出不同的图案。于是人们开始尝试将打孔纸带用于计算机编程。19 世纪中叶，当英国人 Ada 利用打孔纸带写出人类第一个软件程序的时候，距能够运行这个程序的计算机的出现还有一百年的时间，而这个程序已经包含了循环和子程序。Ada 因此被认为是人类第一个程序员。科技发明受时代的限制，天才的想象力和聪明才智却可以超越时代。

人类发明计算机器有悠久的历史，但是这些计算机器都是专门进行数值计算的，如加减乘除、微分积分等。而从莱布尼茨、Ada 到图灵、冯·诺依曼，这些现代计算机的开创者试图创造的是一种通用的计算机，这种计算机不是读取数值进行计算，而是读取数据进行计算，这些数据本身包含着计算的逻辑，这里的数据就是程序。当冯·诺依曼在 ENIAC 计算机上输入第一个程序的时候，就标志着现代计算机的诞生，也意味着软件编程这一新兴行业即将出现。信息时代、互联网时代将接踵而至，人类开启了有史以来最大的一次科技革命。

现在，我们编程时已经习惯打开 IDE，编写程序代码，然后编译执行或者解释执行，认为编程就该如此。我们觉得那些不需要 IDE，只需要写字板或者 vim 就可以编程的人就是"大牛"了。事实上，最早的计算机编程非常麻烦，程序员需要将电线编来编去作为输入数据，以控制计算机的执行，如图 7-1 所示，有些人认为这也是编程这个词的由来。不过，人们很快就将打孔纸带应用到计算机上，编程的效率也极大提升。

图 7-1　通过编排电线进行编程的早期计算机

7.2 机器与汇编语言时代

接近我们现在所能理解的软件编程要到 1949 年，随着第一台可存储程序的计算机的发明而出现，自此程序员终于可以写代码了。这个阶段的程序员需要牢记计算机指令的二进制编码，软件开发就是直接使用这些二进制指令进行编程，每个计算机指令后面要带操作数，操作数也是二进制编码，所有这些二进制就是程序的代码，由程序员输入到计算机中。

早期的软件编程是程序员通过记忆计算机指令的二进制编码进行操作的，这种方式足以让程序员崩溃，于是他们发明了汇编语言。与使用机器指令二进制编码唯一不同的是，汇编语言提供了机器指令助记符，编程的时候机器指令二进制可以用助记符代替。但是软件编程依然需要使用计算机指令，一个指令接着一个指令地进行编程。因此，机器指令二进制编程和汇编语言编程本质上都是面向机器的编程。如下所示的汇编语言程序已经是 PC 时代的汇编语言程序了，早期计算机的汇编程序则更加古老。

```
2000: BMI $2009      ;若结果为负数，那么转地址 2009
2002: BEQ $200C      ;若 = 0，转地址 200C
2004: CLC            ;这里说明 > 0
2005: ADC #$01
2007: TAY
2008: RTS
2009: LDY #$01
200B: RTS
200C: LDY #$00
200E: RTS
```

7.3 高级编程语言时代

在计算机出现的早期，对程序员而言，计算机也是一个神奇的存在。同一台计算机，既可以进行科学计算，也可以进行弹道轨迹计算，还可以进行财务核算计算。计算机如此强大、神奇、昂贵，程序员匍匐在计算机的脚下，使用计算机的指令进行编程。但是随着计算机技术的不断发展和普及，程序员逐渐意识到计算机本身是呆板而机械的，真正强大、无所不能的是软件程序。为了更高效地进行编程，应采用一种对程序员更加友好的编程方式，一种更接近人类语言的编程语言，于是各种各样的高级编程语言出现了。

最早的高级编程语言是 Fortran，这是一种专门用于科学计算的高级语言，诞生于 1957 年。但是真正主流的、被广泛使用的各种高级语言则诞生于 1970 年前后，其中包括 C 语言，据说丹尼斯·里奇发明了 C 语言，然后为了验证 C 语言的特性，开发了一个

Demo，就是 UNIX 操作系统。

这些高级语言使用人类语言作为编程指令，如 if…else…、while、break、for、goto，更符合人类的习惯和逻辑思维方式。由于这些语言关注逻辑处理过程，所以也被称作面向过程的编程语言。事实上，这些语言的本质是面向人的，因此这一时期爆发的各种编程语言从本质上说是面向人的编程语言，更准确地说，是面向程序员的编程语言。

Basic 编程语言示例：

```
INPUT "What is your name: ", UserName$
PRINT "Hello "; UserName$
DO
    INPUT "How many stars do you want: ", NumStars
    Stars$ = STRING$(NumStars, "*")
    PRINT Stars$
    DO
        INPUT "Do you want more stars? ", Answer$
    LOOP UNTIL Answer$ <> ""
    Answer$ = LEFT$(Answer$, 1)
LOOP WHILE UCASE$(Answer$) = "Y"
PRINT "Goodbye "; UserName$
```

高级编程语言的普及极大地释放了程序员的自主性，软件开发迎来黄金时期，程序员的第一个极客时代到来，比尔·盖茨、乔布斯都是在那个时代成长起来的。但是人的欲望是没有止境的，人能做到的越多，想得到的也就越多，数亿美金的软件开发计划不断被提上日程。但是面向过程的复杂性随着软件规模的膨胀以更快的速度膨胀，很多大型软件开发过程开始失控，最终以失败告终，人们遇到了软件危机。

7.4 面向对象编程时代

软件危机使人们开始重新审视软件编程这件事情的本质，除了一部分科学计算或者其他特定目的的软件外，大部分软件都是为了解决现实世界的问题而问世的，如企业的库存管理、银行的账务处理等。所以，软件编程的本质是程序员用代码的方式使现实世界的事务运行在计算机上，计算机软件是为了解决现实世界的问题而开发出来的。那么，软件编程这件事情应该关注的重点是客观世界的事物本身，而不是程序员的思维方式或者计算机的指令。

如果软件编程的重点是客观世界的事物本身，那么编程语言如何才能更好地满足这一需求？基于这一问题的思考，面向对象的编程语言应运而生。面向对象编程以对象作为软件编程的基本单位，提出一切皆对象，客观世界的用户、账号、商品是对象；创建、组合、关联这些对象的工厂、适配器、观察者也是对象；将所有这些对象分析、设计、开发出来，一个软件系统的开发就完成了，这个软件系统灵活、强大，最重要的是可以根据需求变化快速更新维护。

Java 对象代码示例：

```java
public class User {
    private String name;
    private Integer id;
    public String getName() {
        return name;
    }
    public void setName(String name) {
        this.name = name;
    }
    public Integer getId() {
        return id;
    }
    public void setId(Integer id) {
        this.id = id;
    }
}
```

7.5　编程语言的未来

回顾一下现代编程技术的发展历程，我们可以发现这一历程大体经过面向机器编程、面向程序员编程、面向对象编程三个阶段，这正好对应马克思经济学关于劳动力的三个要素：劳动工具（计算机）、劳动者（程序员）、劳动对象（客观对象）。面向对象编程似乎已经进化到编程在哲学意义上的终点，是编程语言的终极形态。现实看起来也确实如此，最近三十年诞生的编程语言几乎全部都是面向对象的编程语言，面向对象一统天下。

但事实真的如此吗？回望历史，我们站在"上帝"的视角去看，一切都是如此清晰、有条理；但凝望未来，我们还能如此笃定吗？

情况也许并非如此。事实上，一方面，现实中的面向对象编程几乎从未实现人们期望中的面向对象编程。上面给出的 Java 的 User 对象示例就是典型，这是一个我们经常见到却又非常不面向对象的对象。这个对象只有属性，没有行为，现实中的 User 对象显然不是这样的。也许有部分企业和部分程序员做到了真正的面向对象编程，但是绝大多数程序员并没有做到，面向对象编程普及几十年了，如果大多数程序员依然做不到真正意义的面向对象编程，是程序员的问题还是编程语言的问题？

另一方面，一些新出现的面向对象编程语言对对象的态度似乎也有点"暧昧"，对象的边界和封装性开始模糊。

Go 语言代码示例：

```
type Phone interface {
    call()
}
type NokiaPhone struct {
}
func (nokiaPhone NokiaPhone) call() {
    fmt.Println("I am Nokia, I can call you!")
}
type IPhone struct {
}
func (iPhone IPhone) call() {
    fmt.Println("I am iPhone, I can call you!")
}
```

随着科技的不断发展，特别是大数据、人工智能以及移动互联网的发展，面向数据的编程需求越来越多，能够更好地迎合这一需求的编程模型开始得到青睐，比如函数式编程。而极客型的程序员对强类型的面向对象编程越来越不感兴趣，他们希望在编程的时候得到更多的自由，编程语言的重心似乎重新出现面向程序员的趋势。

计算机性能的不断增强，以及互联网应用对计算资源需求的不断增加，使得程序员在编程时不得不考虑计算机的资源利用。如何更好地利用 CPU 的多核以及分布式集群的多服务器特性，是软件编程以及架构设计需要考虑的重要问题。软件编程越来越需要考虑机器本身，相对应地，反应式编程得到的关注则越来越多。

辩证唯物主义告诉我们，事物发展的轨迹是波浪式前进、螺旋式上升的，有时候事物发展似乎重新回到过去，但是却有了本质的区别和进步。软件编程的进化史还在继续，你是否对未来充满期待和信心呢？

7.6   小结

本章回顾了编程技术的发展，通过这样的脉络梳理，能让读者更清楚地了解目前面对对象编程的来源，更好地利用这一技术，从而更好地利用面向对象编程的特性，进行真正的面向对象编程，而不是仅仅利用面向对象编程语言进行编程。更多面向对象编程的技巧和方法将在第 10 章至第 17 章进行讨论。

第二部分

架构师的程序设计修炼

第 8 章

软件设计的方法论
软件为什么要建模

我们开发的绝大多数软件都是用来解决现实问题的。通过计算机软件，我们可以用高效、自动化的方式去解决现实中低效的、手工的业务过程。

因此软件开发的本质就是在计算机的虚拟空间中，根据现实需求去创建一个新世界。阿里的工程师在创造一个"五百平方公里"的交易市场，百度的工程师在创造一个"一万层楼"的图书馆，新浪微博的工程师在创造"两亿份报纸"，腾讯的工程师在创造"数十亿个聊天茶室和棋牌室"。

现实世界纷繁复杂，庞大的软件系统也需要很多人合作，开发出众多的模块和代码。如何使软件系统准确地反映现实世界的业务逻辑和需求？庞大的软件系统如何能在开发之初就使各个相关方对未来的软件蓝图有清晰的认知和认可，以便在开发过程中使不同的工程师有效合作，让软件的各个模块边界清晰、易于维护和部署？

这个由软件工程师创造出来的虚拟世界到底是一个恢弘大气的"罗马都城"，还是"垃圾遍地的棚户区"，就看软件架构师如何设计它了，而软件设计的主要过程就是软件建模。

8.1　什么是软件建模

所谓软件建模，就是为要开发的软件建造模型。模型是对客观存在的抽象，我们常说的数学建模就是用数学公式作为模型，抽象表达事务的本质规律。除了数学公式是模型，还有一些东西也是模型，比如地图就是对地理空间的建模。各种图纸，如机械装置的图纸、电子电路的图纸、建筑设计的图纸，也是对物理实体的建模。而软件也可以通过各种图进行建模。

通过建模，可以把握事物的本质规律和主要特征。正确建造模型和使用模型，可以防止在各种细节中迷失方向。软件系统庞大复杂，通过软件建模，我们可以抽象软件系统的主要特征和组成部分，梳理这些关键组成部分的关系，在软件开发过程中依照模型的约束开发，系统整体的格局和关系就会可控，相关人员从始至终都能清晰地了解软件的蓝图和当前的进展，不同的开发工程师会很清楚自己开发的模块和其他同事工作内容的关系与依赖，并按照这些模型开发代码。

在软件开发中，有两个客观存在：一个是我们要解决的领域问题。比如，我们要开发一个电子商务网站，那么，客观的领域问题就是如何做生意，卖家如何管理商品、管理订单、服务用户，买家如何挑选商品、如何下订单、如何支付等。这些客观领域问题的抽象就是各种功能及其关系、各种模型对象及其关系、各种业务处理流程。

另一个是，最终开发出来的软件系统也是客观存在的。这一客观存在主要涉及软件由哪些主要类组成、这些类如何组织构成一个个组件、这些类和组件之间的依赖关系如何、运行期又如何调用、需要部署多少台服务器、服务器之间如何通信等。

这两个方面客观存在的抽象就是我们的软件模型，一方面我们要对领域问题和软件系统进行分析、设计、抽象；另一方面，我们要根据抽象出来的模型开发、实现最终的软件系统，如图 8-1 所示。这就是软件开发的主要过程。我们专门划分出对领域问题和软件系统进行分析、设计和抽象的这个过程，这就是软件建模与设计。

图 8-1　软件模型、领域问题、软件系统的关系

8.2　4+1 视图模型

软件建模比较知名的是 4+1 视图模型。准确地说，4+1 模型不是一种软件建模工具和方法，而是一种软件建模方法的方法，即建模方法论。4+1 视图模型认为，一个完整的软件设计模型应该包括五部分内容，如图 8-2 所示。

图 8-2　4+1 视图模型

❑ 逻辑视图：描述软件的功能逻辑，比如由哪些模块组成，模块中包含哪些类，其依赖关系如何等。

❑ 开发视图：包括系统架构层面的层次划分，包的管理、依赖的系统与第三方程序包。开发视图在某些方面和逻辑视图有一定的重复性，不同视角看到的可能是同一个东西，开发视图中的一个程序包可能正好对应逻辑视图中的一个功能模块。

❑ 过程视图：描述程序运行期的进程、线程、对象实例，以及与此相关的并发、同步、通信等问题。

❑ 物理视图：描述软件如何安装并部署到物理服务器上，以及不同服务器之间如何关联、通信。

❑ 场景视图：针对具体的用例场景，将上述四个视图关联起来。一方面从业务角度描述功能流程如何完成，另一方面从软件角度描述相关组成部分互相依赖、调用的逻辑。

在机械制图领域，对一个立体零件进行制图设计，必须要画三视图，即正视图、侧视图、俯视图，每张图都是平面的，但是组合起来就完整地描述了一个立体的机械零件。4+1 视图模型也是通过多个角度描述软件系统的某个方面的抽象模型，最终组合起来构成一个完整的软件模型。

在三视图中，有些部分是重复的，而正是这些重复的部分将机械零件不同视角的细节关联起来，从而使看图者准确地了解一个机械零件的完整结构。软件建模的时候也是如此，作为设计者，也许你会觉得用多个视图描述软件模型会重复，但是阅读设计文档的人正是通过这些重复才将软件的各个部分关联起来，对软件整体形成完整的认识。

前面说 4+1 视图模型是一种方法论，之所以这样说，在于这五种视图模型主要指导我们应该从哪些方面去对我们的业务和软件建模。而具体如何建模、如何画模型，则可以使用各种建模工具完成，重要的是这些模型能够构成一个整体，从多个视角完整展现软件系统的各个方面。

在实践中，通常用来进行软件建模画图的工具是 UML。建模的时候，也不一定要把五种视图都画出来。因为对于不同的软件类型，其特点和设计关注点各不相同，只要能向相关人员准确传递自己的设计意图就可以了。

8.3　UML 建模

UML 即统一建模语言，是目前最常用的建模工具。使用 UML 可以实现 4+1 视图模型。UML 这个名字也很有意思。

所谓统一，指的是在 UML 之前，软件建模工具和方法有很多种，最后业界达成共识，用 UML 统一软件建模工具。

所谓建模，前面已经讲过，就是用 UML 对领域业务问题和软件系统进行设计抽象，一个工具完成软件开发过程中的两个客观存在的建模。

所谓语言，这个叫法比较有趣，为什么一个建模工具被称为语言？我们先来看语言的特点。语言一则用以沟通，通过语言人们得以交流；二则用以思考，即使我们不需要与别人交流，仅仅只是一个人进行思考的时候，我们头脑中还是在默默地使用语言，有时候甚至在不知不觉中说出来。

UML 也符合语言的这两个特点：一方面满足设计阶段和各个相关方沟通的目的；另一方面也可以用来思考，即使在软件开发过程中不需要与其他人沟通，或者还没到沟通的时候，依然可以使用 UML 建模画图，帮助自己进行设计思考。

此外，语言还有个特点，就是它有方言。而对于 UML 来说，不同公司、不同团队使用 UML 时都有自己的特点，并不需要拘泥于 UML 的规范和语法，只要不引起歧义，在使用 UML 的过程中对 UML 语法元素适当变通正是 UML 的最佳实践，这正是 UML 的"方言"。

具体如何使用 UML 画图建模，如何在不同的软件设计阶段用最合适的 UML 图形进行软件设计与建模，以及如何将这些模型图整合起来构成一个完整的软件设计文档，将在第 9 章进一步讨论。

8.4　小结

很多做软件开发的人的职业规划都是架构师。那么设想这样一个场景，如果公司安排你做架构师，要你在项目开发前期进行软件架构设计，你该如何开展工作，是否能够让团队每个工程师清晰地了解自己的职责范围并有效地完成开发工作，又该如何输出你的工作成果，如何确定自己的设计是否满足用户需求，是否确定最后交付的软件是满足对方要求的？

架构师的核心工作就是做好软件设计。软件设计是软件开发过程中的一个重要环节。我们如何进行软件设计，软件设计的输出是什么？在软件设计过程中，如何与各个相关方沟通，使软件设计既能满足用户的功能需求，又能满足用户的非功能需求，还能满足用户的成本要求？此外，我们也要使开发工程师、测试工程师、运维工程师能够理解软件的整体架构、主要模块划分、关键技术实现、核心领域模型，使他们能做好自己的工作，让大家在开发之初就对软件未来蓝图有清晰的认识，从而使整个软件开发过程处于可控的范围之内。

以上这些诉求可以说是软件开发管理与技术的核心诉求，弄清这些问题，软件的开发过程和结果也就都得到了保证。而要实现这些诉求，主要的手段就是软件建模，以及将这些软件模型组织成一篇有价值的设计文档。

第 9 章

软件设计实践
使用 UML 完成一个设计文档

4+1 视图模型能很好地向我们展示如何对一个软件的不同方面，用不同的模型图进行建模与设计，以完整描述一个软件的业务场景与技术实现。但是软件开发是有阶段性的，在不同的开发阶段用不同的模型图描述业务场景与设计思路，在不同阶段输出不同的设计文档，这对于现实的开发更有实践意义。

软件建模与设计过程可以拆分成需求分析、概要设计和详细设计三个阶段。UML 规范包含了十多种模型图，常用的有七种：类图、序列图、组件图、部署图、用例图、状态图和活动图。下面我们将讨论如何画这七种模型图，以及如何在需求分析、概要设计、详细设计三个阶段使用这七种模型来输出合适的设计文档。

9.1 用类图设计对象模型

类图是最常见的 UML 图形，用来描述类的特性和类之间的静态关系。

一个类包含三个部分：类的名字、类的属性列表和类的方法列表。类之间有六种静态关系，即关联、依赖、组合、聚合、继承、泛化。把相关的一组类及其关系用一张图画出来，就是类图，示例如图 9-1 所示。

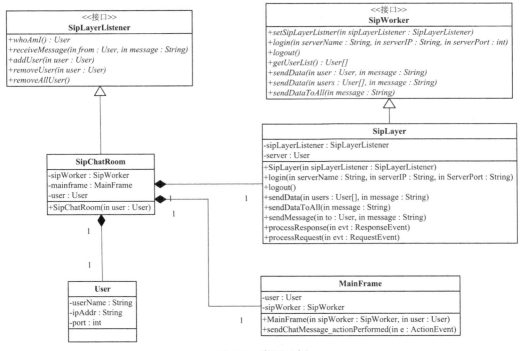

图 9-1　类图示例

类图主要是在详细设计阶段绘制。如果类图已经设计出来，那么，开发工程师只需要按照类图实现代码就可以了，只要类方法的逻辑不是太复杂，不同的工程师写出的实现代码几乎是一样的，这样可以保证软件的规范、统一。在实践中，我们通常不需要把一个软件所有的类都画出来，把核心的、有代表性的、有一定技术难度的类图画出来就可以了。

除了在详细设计阶段画类图，在需求分析阶段，也可以将关键的领域模型对象用类图画出来。在这个阶段，需要关注的是领域对象的识别及其关系，所以一般用简化的类图来描述，只需画出类的名字及关系即可，示例如图 9-2 所示。

Person　own　Car

图 9-2　简化的类图示例

9.2　用序列图描述系统调用

除类图之外，另一种常用的图是序列图。类图描述类之间的静态关系，序列图则用来描述参与者之间的动态调用关系。

每个参与者都有一条垂直向下的生命线，这条线用虚线表示，而参与者之间的消息也是从上到下表示其调用的前后顺序关系，这正是序列图这个词的由来。每个生命线都有一个激活条，就是图中的细长矩形条，只有在参与者活动的时候才是激活的，示例如图 9-3 所示。

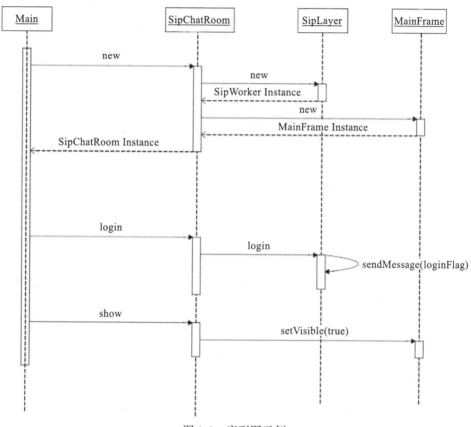

图 9-3　序列图示例

序列图通常用于表示对象之间的交互，这个对象可以是类对象，也可以是更大粒度的参与者，如组件、服务器、子系统等。总之，只要是描述不同参与者之间交互的，都可以使用序列图。也就是说，在软件设计的不同阶段都可以画序列图。

9.3　用组件图进行模块设计

组件是比类粒度更大的设计元素，一个组件中通常包含很多个类。组件图有时与包图的用途比较接近，通常用来描述物理上的组件，如一个 JAR、一个 DLL 等。在实践中，进行模块设计时更多的是用组件图，示例如图 9-4 所示。

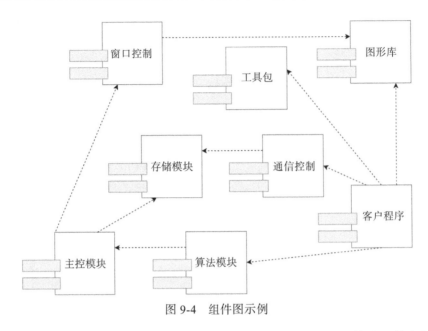

图 9-4　组件图示例

组件图描述组件之间的静态关系，主要是依赖关系。如果想要描述组件之间的动态调用关系，可以使用组件序列图，以组件作为参与者，描述组件之间的消息调用关系。

因为组件的粒度比较粗，通常用以描述和设计软件的模块及其之间的关系，需要在设计早期阶段画出来，因此组件图一般用在概要设计阶段。

9.4　用部署图描述系统物理架构

部署图描述软件系统的最终部署情况，比如需要部署多少服务器、关键组件部署在哪些服务器上，示例如图 9-5 所示。

部署图是软件系统最终物理呈现的蓝图，根据部署图，所有相关者，诸如客户、企业负责人、工程师都能清晰地了解到最终运行的系统物理上的样子、与现有系统服务器的关系以及与第三方服务器的关系。根据部署图，还可以估算服务器和第三方软件的采购成本。

因此部署图是整个软件设计模型中比较宏观的一种图，是在设计早期就需要画的一种模型图。根据部署图，各方可以讨论对这个方案是否认可。只有对部署图达成共识，才能继续后面的细节设计。部署图主要用在概要设计阶段。

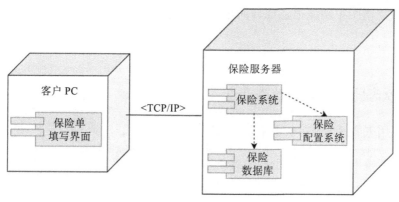

图 9-5 部署图示例

9.5 使用用例图进行需求分析

用例图主要用在需求分析阶段，通过反映用户和软件系统的交互来描述系统的功能需求，示例如图 9-6 所示。

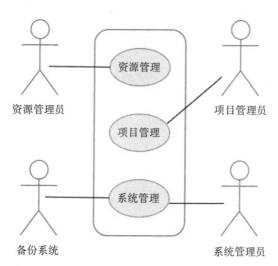

图 9-6 用例图示例

图 9-6 中小人形象的元素被称为角色，角色可以是人，也可以是其他系统。系统的功能可能很复杂，所以一张用例图可能只包含其中一小部分功能，这些功能被一个矩形框框起来，这个矩形框被称为用例的边界。框里的椭圆表示一个个功能，功能之间既可以调用依赖，也可以进行功能扩展。

因为在用例图中功能描述比较简单，通常还需要对用例图配以文字说明，形成需求文档。

9.6　用状态图描述对象状态变迁

状态图用来展示单个对象生命周期的状态变迁。

在业务系统中，很多重要的领域对象都有比较复杂的状态变迁，如账号有创建状态、激活状态、冻结状态、欠费状态等各种状态。此外，用户、订单、商品、红包这些常见的领域模型都有多种状态。

这些状态变迁的描述可以在用例图中用文字描述，随着角色的各种操作而改变，但是用这种方式进行描述，状态散乱在各处，不要说开发的时候容易混淆，就是产品经理自己在设计的时候也容易弄错对象的状态变迁。

UML 的状态图可以很好地解决这一问题。一张状态图描述一个对象生命周期的各种状态及其变迁关系。如图 9-7 所示，门的状态有开（opened）、关（closed）和锁（locked）三种，状态与变迁关系用一张状态图就可以描述清楚。

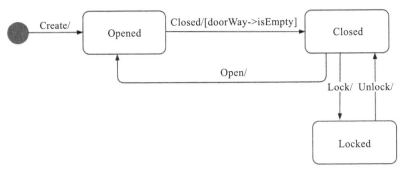

图 9-7　状态图示例

状态图要在需求分析阶段画，描述状态变迁的逻辑关系；在详细设计阶段也要画，这个时候状态要用枚举值表示，以指导具体的开发。

9.7　用活动图描述调用流程

活动图主要用来描述过程逻辑和业务流程。UML 中没有流程图，很多时候人们用活动图代替流程图，示例如图 9-8 所示。

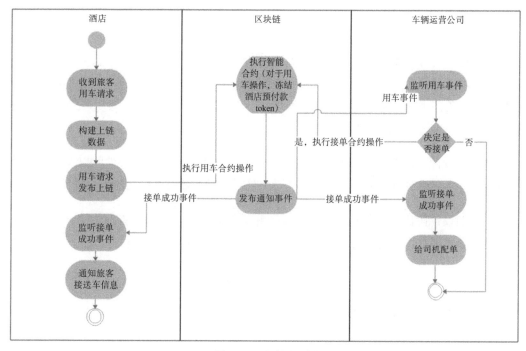

图 9-8　活动图示例

活动图和早期流程图的图形元素也很接近，实心圆代表流程开始，空心圆代表流程结束，圆角矩形表示活动，菱形表示分支判断。

此外，活动图引入了一个重要的概念——泳道。活动图可以根据活动的范围、领域、系统和角色等将活动划分到不同的泳道中，使流程边界更加清晰。

活动图也较有普适性，可以在需求分析阶段描述业务流程，也可以在概要设计阶段描述子系统和组件的交互，还可以在详细设计阶段描述一个类方法内部的计算流程。

9.8　使用合适的 UML 模型构建一个软件设计文档

UML 模型图本身并不复杂，很短时间我们就可以掌握一个模型图的画法。但难的是如何在合适的场合用正确的 UML 模型表达自己的设计意图，形成一套完整的软件模型，进而组织成一个言之有物、层次分明，既可以指导开发，又可以在团队内外达成共识的设计文档。

下面我们就从软件设计的不同阶段这一维度，重新梳理如何使用正确的模型进行软件建模。

在需求分析阶段，主要是通过用例图来描述系统的功能与使用场景；对于关键的业务流程，可以通过活动图描述；如果在需求分析阶段就提出要与现有的某些子系统整合，那么，可以通过时序图描述新系统和原来的子系统的调用关系；可以通过简化的类图进行领域模型抽象，并描述核心领域对象之间的关系；如果某些对象内部会有复杂的状态变化，如用户、订单变化，可以用状态图进行描述。

在概要设计阶段，通过部署图描述系统最终的物理蓝图；通过组件图以及组件时序图设计软件主要模块及其关系；还可以通过组件活动图描述组件间的流程逻辑。

在详细设计阶段，主要输出的就是类图和类的时序图，指导最终的代码开发。如果某个类方法内部有比较复杂的逻辑，那么，可以用画方法的活动图进行描述。

9.9　软件架构设计文档示例模板

1 设计概述

……系统是一个……的系统，是公司……战略的核心系统，承担着公司……的目标任务。

1.1 功能概述

系统主要功能包括……，使用者包括……。

1.2 非功能约束

……系统未来一年预计用户量达到……，日订单量达到……，日 PV 达到……，图片数量达到……。

（1）查询性能目标：平均响应时间 <300ms，95% 响应时间 <500ms，单机 TPS>100。

（2）下单性能目标：平均响应时间 <800ms，95% 响应时间 <1000ms，单机 TPS>30。

（3）……性能目标：平均响应时间 <800ms，95% 响应时间 <1000ms，单机 TPS>30。

（4）系统核心功能可用性目标：>99.97%。

（5）系统安全性目标：系统可拦截……、……、……攻击，密码数据散列加密，客户端数据 HTTPS 加密，外部系统间通信对称加密。

（6）数据持久化目标：>99.99999%。

2 系统部署图与整体设计

　　系统上线时预计部署……台物理机，……个子系统，与公司……系统交互，与外部第三方……个系统交互。

2.1 系统部署图

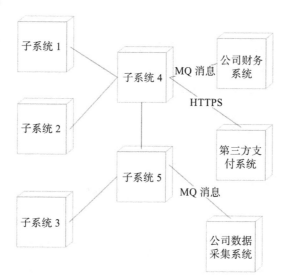

　　子系统1的功能职责为……，部署……台服务器，依赖……和……子系统，实现……功能。（子系统2参照子系统1来写。）

2.2 下单场景子系统序列图

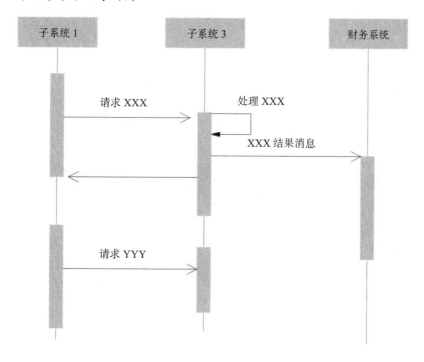

下单时，子系统 1 先发送……消息到子系统 3，子系统 3 需要执行……完成……处理，然后发送……消息到财务系统，消息中包含……数据。

收到……的处理结果……后，子系统 1 发送……消息到……子系统 3……。

2.3 退款场景子系统序列图

退款子系统 1 先发送……消息到子系统 3，子系统 3 需要执行……完成……处理，然后发送……消息到财务系统，消息中包含……数据。

收到……的处理结果……后，子系统 1 发送……消息到……子系统 3……

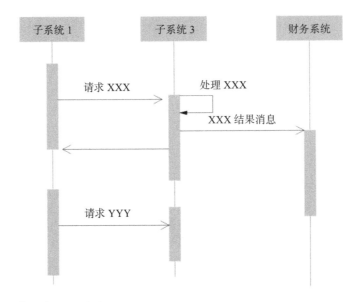

2.4 退款场景子系统活动图

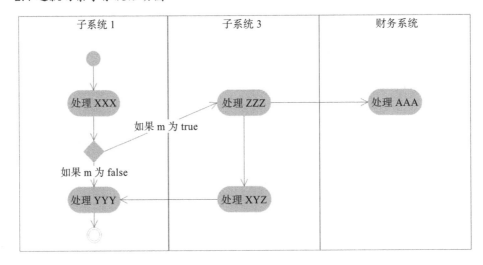

如上图所示，退款开始时，子系统 1 处理 XXX，然后判断 m 的状态，如果 m 为真，请求子系统 3 处理 ZZZ，如果 m 为假，子系统处理 YYY 并结束。

子系统 3 处理 ZZZ 后，一方面继续处理 XYZ，一方面将……消息发送给财务系统进行 AAA 处理。

子系统在处理完 XYZ 后，返回子系统继续梳理 YYY，然后退款处理结束。

3 子系统 1 设计

子系统 1 的主要功能职责是……，其中主要包含了……组件。

3.1 子系统 1 组件图

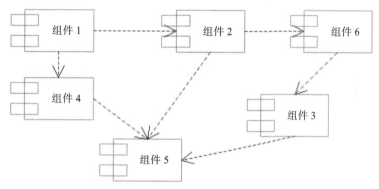

子系统 1 包含六个组件。

组件 1 的功能主要是……，需要依赖组件 2 完成……，是子系统 1 的核心组件，用户……请求主要通过组件 1 完成。

（同样地，组件 2 也可以参照组件 1 来写。）

3.1.1 场景 A 组件序列图

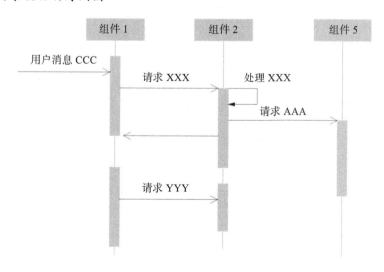

对于场景A，首先组件1收到用户消息CCC，然后组件1调用组件2的XXX方法……。

3.1.2 场景B组件活动图

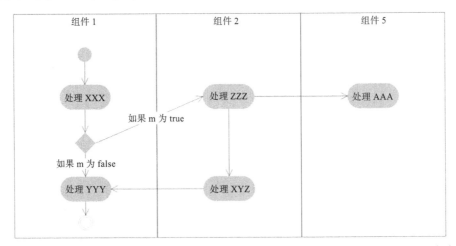

在场景B中，首先组件收到……消息，开始处理……，然后判断……，如果为true，那么……，如果为false，那么……

3.2 组件1设计

组件1的主要功能职责是……，其中主要包含了……类。

3.2.1 组件1类图

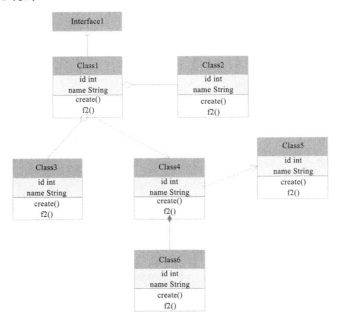

Class1 实现接口 Interface1，主要功能是……。Class1 聚合了 Class2 和 Class3，共同对外提供……服务，Class1 依赖 Class4 实现……功能，Class4……。

3.2.2 场景 A 类序列图

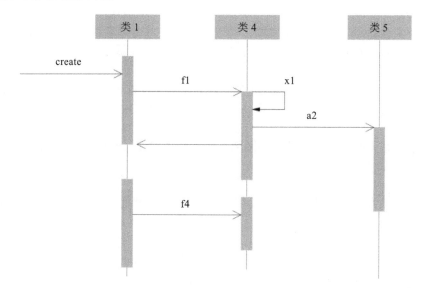

在场景 A 中，当外部应用调用类 1 的 create 方法时，类 1……。

3.2.3 对象 1 状态图

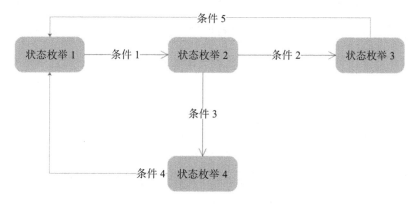

对象 1 运行时有四种状态，初始状态是状态枚举 1，当条件 1 满足时，状态枚举 1 转换为状态枚举 2，当条件 3 满足时，状态枚举 2 转换为状态枚举 4……

3.3 组件 2 设计

（重复上面的格式。）

4 子系统 2 设计

（重复上面的格式。）

9.10　小结

UML 建模可以很复杂，也可以很简单。简单掌握类图、时序图、组件图、部署图、用例图、状态图、活动图这七种模型图，根据不同的场景，在需求分析、概要设计和详细设计阶段灵活地绘制对应的模型图，可以实实在在地做好软件建模，做好系统设计，做一个掌控局面、引领技术团队的架构师。

画 UML 模型图的工具既可以是很复杂的，如像 EA 这样的收费的大型软件设计工具，也可以是 draw.io 这样在线、免费的工具。一般来说，都建议先从简单的使用。

我们可以将不同阶段输出的模型图放在一个文档中，对每张模型图配以适当的文字说明，就构成一篇设计文档。

对于规模不太大的软件系统，可以将概要设计文档和详细设计文档合并成一个设计文档。本章最后展现了一个设计文档示例模板，可以参考这个模板写设计文档。

文档开头是设计概述，简单描述业务场景要解决的核心问题领域。至于业务场景，应该在专门的需求文档中描述，但是在设计文档中，必须再简单描述一下，以保证设计文档的完整性。这样，即使脱离需求文档，阅读者也能理解主要的设计意图。

此外，在设计概述中，还需要描述设计的非功能约束，比如关于性能、可用性、维护性、安全性甚至开发和部署成本方面的设计目标。

然后就是具体设计。第一张设计图应该是部署图，通过部署图描述系统整个物理模型蓝图，包括未来系统的样子。

如果系统中包含几个子系统，还需要描述子系统间的关系，对此可以通过子系统序列图、子系统活动图进行描述。

子系统内部的最顶层设计就是组件图，它描述子系统由哪些组件组成、不同场景中组件之间的调用序列图是什么样的。

每个组件内部，需要用类图进行建模描述。对于不同的场景，用时序图描述类之间的动态调用关系；对于有复杂状态的类，用状态图描述其状态转换。

第 10 章

软件设计的目的
糟糕的程序差在哪里

有人说，在软件开发中，优秀的程序员比糟糕的程序员工作产出高 100 倍。这听起来有点夸张，但实际上，我可能更悲观一点，就我看来，有时候后者的工作成果可能是负向的。也就是说，因为他的工作，项目会变得更加困难，代码变得更加晦涩，难以维护，工期因此推延，各种莫名其妙改来改去的 Bug 一再出现，而且这种局面还会蔓延扩散，连那些本来还好的代码模块也逐渐腐坏，最后项目难以为继，以失败告终。

如果仅仅看过程，糟糕的程序员和优秀的程序员之间的差别并没有那么明显。但是从结果来看，如果最后的结果是失败的，那么产出就是负的，与成功的项目相比，差别不是 100 倍，而是无穷倍。

程序员的好坏一方面体现在编程能力上，并不是每个程序员都有编写一个编译器程序的能力；另一方面体现在程序设计方面，即使在没有太多编程技能要求的领域下，比如开发一个订单管理模块，只要需求明确，具有一定的编程经验，大家都能开发出这样一个程序，但优秀的程序员和糟糕的程序员之间依然有巨大的差别。

在软件设计开发领域中，好的设计和差的设计最大的差别就体现在应对需求变更的能力上，而好的程序员和差的程序员的重要区别就是对待需求变更的态度。差的程序员害怕需求变更，因为每次针对需求变更而开发的代码都会导致无尽的 Bug；而好的程序员则欢迎需求变更，因为他们一开始就针对需求变更进行了软件设计，如果没有需求变更，他们优秀的设计就没有了用武之地，从而产生一拳落空的感觉。这两种不同态度的背后是设计能力的差异。

一个优秀的程序员一旦习惯设计、编写能够灵活应对需求变更的代码，他就再也不会编写那些僵化的、脆弱的、晦涩的代码了，甚至仅仅是看这样的代码都会产生不适。

觉得夸张吗？但实际上，糟糕的代码就是能产生这么大的威力，这些代码在运行过程中使系统崩溃；测试过程中使 Bug 无法收敛，越改越多；开发过程使开发者陷入迷宫，掉到一个又一个坑里；而仅仅是看这些代码，也会使阅读者头晕眼花。

10.1　糟糕的设计有多糟糕

糟糕的设计和代码有如下一些特点，这些特点共同铸造了糟糕的软件。

1. 僵化性

软件代码之间耦合严重，难以改动，任何微小的改动都会引起更大范围的改动。一个看似微小的需求变更，到最后却需要在更多的地方修改。

2. 脆弱性

比僵化性更糟糕的是脆弱性。僵化导致任何一个微小的改动都能引起更大范围的改动，而脆弱则是微小的改动容易引起莫名其妙的崩溃或者 Bug，出现 Bug 的地方看似与改动的地方毫无关联，又或者软件进行了一个看似简单的改动，重新启动后就莫名其妙地崩溃了。

如果说僵化性容易让原本只用 3 个小时的工作变成了需要 3 天，让程序员加班加点，那么脆弱性导致的突然崩溃则让程序员抓狂，甚至怀疑人生。

3. 牢固性

牢固性是指软件无法进行快速、有效的拆分。想要复用软件的一部分功能，却无法轻易地将这部分功能从其他部分中分离出来。

目前，微服务架构大行其道，但是一些项目在没有解决软件牢固性的前提下，就硬着头皮进行微服务改造，结果可想而知。要知道，微服务是低耦合模块的服务化，首先需要的就是低耦合的模块，然后才是微服务的架构。如果单体系统都做不到模块的低耦合，那么由此改造出来的微服务系统只会将问题加倍放大。

4. 黏滞性

需求变更导致软件变更的时候，如果糟糕的代码变更方案比优秀的方案更容易实施，那么软件就会向糟糕的方向发展。很多软件在设计之初有着良好的设计，但是随着一次又一次的需求变更，最后变得千疮百孔，趋向腐坏。

5. 晦涩性

代码首先是给人看的，其次是给计算机执行的。如果代码晦涩难懂，必然会导致代码的维护者以设计者不期望的方式对代码进行修改，导致系统腐坏变质。如果软件设计者期望自己的设计在软件开发和维护过程中一直都能被良好执行，那么，在软件最开始的模块中就应该保证代码清晰易懂，这样后继者参与开发维护的时候才有章法可循。

10.2　一个设计"腐坏"的例子

软件如果是一次性的，只运行一次就被丢弃的话，那么无所谓设计，能实现其功能就可以了。然而现实中的软件大多数在其漫长的生命周期中都会被不断修改、迭代、演化和发展。淘宝从最初的小网站，发展到今天由上万名程序员维护的大系统；Facebook从扎克伯格一个人开发的小软件，成为如今服务全球数十亿人的巨无霸。这些软件的发展，无一不经历过并将继续经历演化发展的过程。

接下来，我们就来看一个软件在需求变更过程中不断"腐坏"的例子。

假设，你需要开发一个程序，将键盘输入的字符输出到打印机上。任务看起来很简单，几行代码即可：

```
void copy()
{
    int c;
    while ((c=readKeyBoard()) != EOF)
        writePrinter(c);
}
```

你将程序开发出来，经过测试完全没有问题，便很开心地发布了，其他程序员在他们的项目中依赖你的代码。过了几个月，领导忽然过来说，这个程序需要支持从纸带机读取数据，于是你不得不修改代码：

```
bool ptFlag = false;
// 使用前请重置这个flag
void copy()
{
    int c;
    while ((c=(ptFlag? readPt() : readKeyBoard())) != EOF)
        writePrinter(c);
}
```

为了支持从纸带机输入数据，你不得不增加一个布尔变量；为了让其他程序员依赖你的代码时能正确使用这个方法，你还要添加一句注释。即便如此，还是有人会忘记重设这个布尔值，还会有人弄错这个布尔值代表的意思，运行时出现 Bug。

虽然没有人因此责怪你，但是这些问题还是让你沮丧。这个时候，领导又来找你，说程序需要支持输出到纸带机上，你只好硬着头皮继续修改代码：

```
bool ptFlag = false;
bool ptFlag2 = false;
// 使用前请重置这些flags
void copy()
{
    int c;
    while ((c=(ptFlag? readPt() : readKeyBoard())) != EOF)
        ptFlag2? writePt(c) : writePrinter(c);
}
```

虽然你很贴心地把注释里的"这个 flag"改成了"这些 flags"，但还是有更多的程序员忘记重设这些奇怪的 flag，或者弄错布尔值的意思，因此依赖你的代码而导致的 Bug 越来越多，你开始犹豫是不是需要"跑路"了。

10.3　解决之道

从这个例子我们可以看到，一段看起来简单、清晰的代码，只需要经过两次需求变更，就有可能变得僵化、脆弱、黏滞、晦涩。

这样的问题在各种各样的软件开发场景中随处可见。人们为了改善软件开发中的这些问题，使程序更加灵活，强壮，易于使用、阅读和维护，总结了很多设计原则和设计模式，遵循这些设计原则，灵活应用各种设计模式，就可以避免程序腐坏，开发出更强大灵活的软件。

比如针对上面这个例子，更加灵活、对需求更加有弹性的设计及编程方式可以如下这般：

```
public interface Reader {
    int read();
}


public interface Writer {
    void write(int c);
}


public class KeyBoardReader implements Reader {
    public int read() {
        return readKeyBoard();
    }
}


public class Printer implements Writer {
    public void write(int c) {
        writePrinter(c);
    }
}


Reader reader = new KeyBoardReader();
Writer writer = new Printer():
void copy() {
    int c;
    while(c=reader.read() != EOF)
        writer(c)
}
```

我们通过接口将输入和输出抽象出来，copy 程序只负责读取输入并进行输出，具体输入和输出实现则由接口提供，这样 copy 程序就不会因为要支持更多的输入和输出设备而不停修改，也不会导致代码复杂、使用困难。

所以你能看到，应对需求变更最好的办法是一开始的设计就是针对需求变更的，并在开发过程中根据真实的需求变更不断重构代码，保持代码对需求变更的灵活性。

10.4 小结

我们在设计之初就需要考虑程序如何应对需求变更，并因此指导自己进行软件设计。在开发过程中，需要敏锐地察觉到哪些地方正在变得腐坏，然后根据合理的设计原则判断问题所在，再用设计模式来重构代码，解决问题。

在面试过程中，我考察应聘者编程能力和编程技巧的主要方式就是询问关于设计原则与设计模式的问题，这也是一个架构师最基本的修炼。后面几章节将主要讲述如何用设计原则和设计模式来设计强壮、灵活、易复用、易维护的程序。希望这部分内容能够帮你掌握如何进行良好的程序设计。

第 11 章

软件设计的开闭原则
不修改代码却能实现需求变更

第 10 章讲到，软件设计应该为需求变更而设计，能够灵活、快速地满足需求变更的要求。优秀的程序员也应该欢迎需求变更，因为持续的需求变更意味着自己开发的软件能够保持活力，同时也意味着自己为需求变更而进行的设计有了用武之地，这样的话，技术和业务都进入了良性循环。

但是需求变更就意味着原来开发的功能需要改变，也意味着程序需要改变。如果通过修改程序代码实现需求变更，那么代码一定会在不断修改的过程中变得面目全非，这也意味着代码的腐坏。

有没有办法在不修改代码的情况下实现需求变更呢？

这个要求听起来有点玄幻，事实上却是软件设计需要遵循的最基本的原则：开闭原则。

11.1　什么是开闭原则

开闭原则：软件实体（模块、类、函数等）应该对扩展是开放的，对修改是关闭的。

"对扩展是开放的"意味着软件实体的行为是可扩展的，当需求变更时可以对模块进行扩展，使其满足需求变更的要求。

"对修改是关闭的"意味着当对软件实体进行扩展时，不需要改动当前的软件实体；不需要修改代码；对于已经完成的类文件不需要重新编辑；对于已经编译打包好的模块，不需要再重新编译。

通俗地说，开闭原则就是软件功能可以扩展，但是软件实体不可以被修改。

功能要扩展，软件又不能被修改，似乎自相矛盾，怎样才能做到不修改代码和模块，却能实现需求变更呢？

11.2　一个违反开闭原则的例子

在开始讨论前，我们先看一个反面的例子。

假设我们需要设计一个可以通过按钮拨号的电话，核心对象是按钮和拨号器。那么，简单的设计可能如图 11-1 所示。

图 11-1　简单的按钮与拨号器设计

按钮类关联一个拨号器类，当按钮按下的时候，调用拨号器相关的方法。代码如下：

```
public class Button {
    public final static int SEND_BUTTON = -99;

    private Dialer        dialer;
    private int           token;

    public Button(int token, Dialer dialer) {
        this.token = token;
        this.dialer = dialer;
    }

    public void press() {
        switch (token) {
            case 0:
```

```
                 case 1:
                 case 2:
                 case 3:
                 case 4:
                 case 5:
                 case 6:
                 case 7:
                 case 8:
                 case 9:
                     dialer.enterDigit(token);
                     break;
                 case SEND_BUTTON:
                     dialer.dial();
                     break;
                 default:
                     throw new UnsupportedOperationException("unknown button pressed:
                         token=" + token);
            }
        }

public class Dialer {
    public void enterDigit(int digit) {
        System.out.println("enter digit: " + digit);
    }

    public void dial() {
        System.out.println("dialing...");
    }
}
```

创建按钮时，可以创建数字按钮或者发送按钮，执行按钮的 press() 方法时，会调用拨号器 Dailer 的相关方法。这个代码能够正常运行并完成需求，设计似乎也没什么问题。

这样的代码我们司空见惯，但是它的设计违反了开闭原则。当我们想要增加按钮类型的时候，比如当我们需要按钮支持星号（*）和井号（#）时，必须修改 Button 类代码；当我们想要用这个按钮控制一个密码锁而不是拨号器时，因为按钮关联了拨号器，所以依然要修改 Button 类代码；当我们想要按钮控制多个设备时，还是要修改 Button 类代码。

似乎对 Button 类做任何的功能扩展都要修改 Button 类代码，这显然违反了开闭原则——对功能扩展是开放的，对代码修改是关闭的。

违反开闭原则的这个 Button 类非常僵硬。当我们想要进行任何需求变更时，都必须修改代码。同时需要注意，大段的 switch/case 语句是非常脆弱的，当我们需要增加新的按钮类型时，需要非常谨慎地在这段代码中找到合适的位置，稍不小心就可能出现 Bug。粗暴一点来说，当我们在代码中看到 else 或者 switch/case 关键字的时候，基本可以断定它违反了开闭原则。

而且，这个 Button 类也是难以复用的。Button 类强耦合了一个 Dailer 类，在脆弱的 switch/case 代码段耦合调用了 Dailer 的方法，即使 Button 类自身也将各种按钮类型耦合在一起，当我想复用这个 Button 类的时候，不管我需不需要一个 Send 按钮，Button 类都自带了这个功能。

所以，这样的设计不要说不修改代码就能实现功能扩展，即使我们想修改代码进行功能扩展，设计本身也很脆弱，稍不留心就掉到坑里了。这个时候你再回头审视 Button 的设计，是不是感觉到了代码里面腐坏的味道，如果让你接手维护这些代码来实现需求变更，是不是会感到头疼难受？

很多设计开始并没有什么问题，如果软件开发出来后永远不需要修改，也许怎么设计都可以，但是当需求变更到来的时候，就会发现各种僵硬、脆弱的弊端。所以设计的优劣需要放入需求变更的场景中考察。当需求变更时发现当前设计腐坏，就要及时进行重构，以保持设计的强壮和代码的干净。

11.3　使用策略模式实现开闭原则

设计模式中很多模式其实都是用来解决软件的扩展性问题的，也是符合开闭原则的。我们用策略模式对上面的例子重新进行设计，如图 11-2 所示。

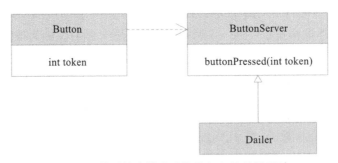

图 11-2　使用策略模式重构按钮与拨号器设计

我们在 Button 和 Dailer 之间增加了一个抽象接口 ButtonServer，Button 依赖 ButtonServer，而 Dailer 实现 ButtonServer。

当 Button 按下时，就调用 ButtonServer 的 buttonPressed 方法，事实上是调用 Dailer 实现的 buttonPressed 方法，这样既完成了 Button 按下时执行 Dailer 方法的需求，又不会使 Button 依赖 Dailer。Button 可以扩展复用到其他需要使用 Button 的场景，任何实现 ButtonServer 的类，如密码锁，都可以使用 Button，而不需要对 Button 代码进行任何修改。

而且 Button 也不需要 switch/case 代码段来判断当前按钮类型，只需要将按钮类型 token 传递给 ButtonServer 就可以了，这样增加新的按钮类型时就不需要修改 Button 代码了。

策略模式是一种行为模式，多个策略实现同一个策略接口，编程的时候 client 程序依赖策略接口，运行期根据不同的上下文向 client 程序传入不同的策略实现。

在这个场景中，client 程序就是 Button，策略就是需要用 Button 控制的目标设备、拨号器、密码锁等，ButtonServer 就是策略接口。通过使用策略模式，Button 类实现了开闭原则。

11.4　使用适配器模式实现开闭原则

Button 符合开闭原则了，但是 Dailer 又不符合开闭原则了，因为 Dailer 要实现 ButtonServer 接口，根据参数 token 决定执行 enterDigit 方法还是 dail 方法，因此需要 if/else 或者 switch/case，不符合开闭原则。

怎么办？

这种情况可以使用适配器模式进行设计。适配器模式是一种结构模式，用于将两个不匹配的接口适配起来，使其能够正常工作，如图 11-3 所示。

不要由 Dailer 类直接实现 ButtonServer 接口，而是增加两个适配器 DigitButton-DailerAdapter、SendButtonDailerAdapter，由适配器实现 ButtonServer 接口，在适配器的 buttonPressed 方法中调用 Dailer 的 enterDigit 方法和 dail 方法，而 Dailer 类保持不变，Dailer 类实现开闭原则。

在这个场景中，Button 需要调用的接口是 buttonPressed，与 Dailer 的方法不匹配，如何在不修改 Dailer 代码的前提下，使 Button 能够调用 Dailer 代码呢？就是靠适配器。适配器

DigitButtonDailerAdapter 和 SendButtonDailerAdapter 实 现 了 ButtonServer 接 口，使 Button 能够调用自己，并在自己的 buttonPressed 方法中调用 Dailer 的方法，适配了 Dailer。

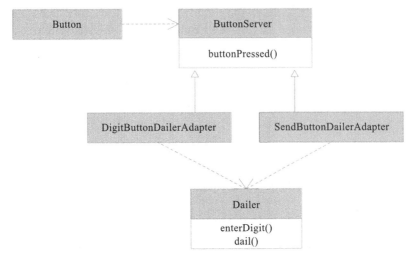

图 11-3　使用适配器模式重构按钮与拨号器设计

11.5　使用观察者模式实现开闭原则

通过策略模式和适配器模式，Button 和 Dailer 都符合了开闭原则。但是如果要求能够用一个按钮控制多个设备，比如，按钮按下进行拨号的同时，还需要扬声器根据不同按钮发出不同的声音，将来可能还需要根据不同按钮点亮不同颜色的灯。按照当前设计，需要在适配器中调用多个设备，而增加设备要修改适配器代码，又不符合开闭原则了。

怎么办？

这种情况可以用观察者模式进行设计，如图 11-4 所示。

这里，ButtonServer 被改名为 ButtonListener，表示这是一个监听者接口。其实这个改名不重要，仅仅是为了便于识别。因为接口方法 buttonPressed 不变，ButtonListener 和 ButtonServer 本质上是一样的。

重 要 的 是 在 Button 类 里 增 加 了 成 员 变 量 List<ButtonListener> 和 成 员 方 法 addListener。通过 addListener，可以添加多个需要观察按钮按下事件的监听者实现，当按钮需要控制新设备的时候，只需要将实现了 ButtonListener 的设备实现添加到 Button

的 List 列表就可以了。

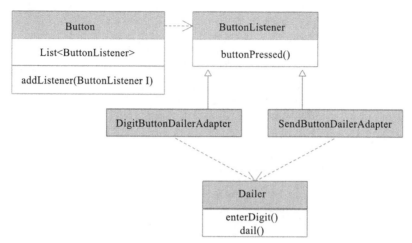

图 11-4   使用观察者模式重构按钮与拨号器设计

Button 代码：

```
public class Button {
    private List<ButtonListener> listeners;

    public Button() {
        this.listeners = new LinkedList<ButtonListener>();
    }

    public void addListener(ButtonListener listener) {
        assert listener != null;
        listeners.add(listener);
    }

    public void press() {
        for (ButtonListener listener : listeners) {
            listener.buttonPressed();
        }
    }
}
```

Dailer 代码和原始设计一样，如果我们需要将 Button 和 Dailer 组合成一个电话，
Phone 代码如下：

```
public class Phone {
    private Dialer   dialer;
    private Button[] digitButtons;
    private Button   sendButton;
```

```
public Phone() {
    dialer = new Dialer();
    digitButtons = new Button[10];
    for (int i = 0; i < digitButtons.length; i++) {
        digitButtons[i] = new Button();
        final int digit = i;
        digitButtons[i].addListener(new ButtonListener() {
            public void buttonPressed() {
                dialer.enterDigit(digit);
            }
        });
    }
    sendButton = new Button();
    sendButton.addListener(new ButtonListener() {
        public void buttonPressed() {
            dialer.dial();
        }
    });
}


public static void main(String[] args) {
    Phone phone = new Phone();
    phone.digitButtons[9].press();
    phone.digitButtons[1].press();
    phone.digitButtons[1].press();
    phone.sendButton.press();
}
```

观察者模式是一种行为模式，解决一对多的对象依赖关系，将被观察者对象的行为通知到多个观察者，也就是监听者对象。

在这个场景中，Button 是被观察者，目标设备拨号器、密码锁等是观察者。被观察者和观察者通过 Listener 接口解耦合，观察者（的适配器）通过调用被观察者的 addListener 方法将自己添加到观察列表，当观察行为发生时，被观察者会逐个遍历 Listener List，通知观察者。

11.6 使用模板方法模式实现开闭原则

如果业务要求按下按钮的时候，除了控制设备，按钮本身还需要执行一些操作，完成一些成员变量的状态更改，不同按钮类型进行的操作和记录状态各不相同。按照当前设计可能又要在 Button 的 press 方法中增加 switch/case 了。

怎么办？

这种情况可以用模板方法模式进行设计，如图 11-5 所示。

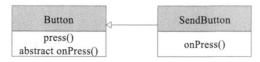

图 11-5　使用模板方法模式重构按钮与拨号器设计

在 Button 类中定义抽象方法 onPress，具体类型的按钮如 SendButton 实现这个方法。Button 类中增加抽象方法 onPress，并在 press 方法中调用 onPress 方法如下：

```
abstract void onPress();


public void press() {
    onPress();
    for (ButtonListener listener : listeners) {
        listener.buttonPressed();
    }
}
```

所谓模板方法模式，就是在父类中用抽象方法定义计算的骨架和过程，而抽象方法的实现则留在子类中。

在这个例子中，press 方法就是模板，press 方法除了调用抽象方法 onPress，还执行通知监听者列表的操作，这些抽象方法和具体操作共同构成了模板。而在子类 SendButton 中实现这个抽象方法，在这个方法中修改状态，完成自己类型特有的操作，这就是模板方法模式。

通过模板方法模式，每个子类可以定义自己在 press 执行时的状态操作，无须修改 Button 类，实现了开闭原则。

11.7　小结

实现开闭原则的关键是抽象。当一个模块依赖的是一个抽象接口的时候，就可以随意对这个抽象接口进行扩展。这个时候，不需要对现有代码进行任何修改，利用接口的多态性，通过增加一个新实现该接口的实现类，就能完成需求变更。不同场景进行扩展的方式是不同的，这时候就会产生不同的设计模式，大部分设计模式都是用来解决扩展的灵活性问题的。

开闭原则可以说是软件设计原则的原则，是软件设计的核心原则。其他设计原则更偏向技术性，具有技术性指导意义。而开闭原则是方向性的，在软件设计过程中，应该时刻以开闭原则来指导、审视自己的设计，当需求变更时，现在的设计能否不修改代码就实现功能的扩展？如果答案是否定的，就应该进一步使用其他设计原则和设计模式来重新设计。

关于更多的设计原则和设计模式，我们将在后面的章节陆续讲解。

第 12 章

软件设计的依赖倒置原则
不依赖代码却可以复用它的功能

在软件开发过程中，经常会使用各种编程框架。如果你使用的是 Java，那么你会比较熟悉 Spring、MyBatis 等。事实上，Tomcat、Jetty 这类 Web 容器也可以归类为框架。框架的一个特点是，当开发者使用框架开发一个应用程序时，无须在程序中调用框架的代码，就可以使用框架的功能特性。比如，程序不需要调用 Spring 的代码，就可以使用 Spring 的依赖注入、MVC 这些特性，开发出低耦合、高内聚的应用代码。我们的程序更不需要调用 Tomcat 的代码，就可以监听 HTTP 端口，处理 HTTP 请求。

我们每天都在使用这些框架，早已司空见惯，所以觉得这种实现理所当然。但是我们停下来好好想一想，难道不觉得这很神奇吗？我们自己也写代码，能够做到让其他工程师不调用我们的代码就可以使用我们的代码的功能特性吗？就我观察，大多数开发者是做不到的。那么，Spring、Tomcat 这些框架是如何做到的呢？

12.1 依赖倒置原则

我们来看 Spring、Tomcat 这些框架设计的核心关键点，也就是面向对象的基本设计原则之一：依赖倒置原则。

依赖倒置原则可描述如下：

❑ 高层模块不应该依赖低层模块，二者都应该依赖抽象。
❑ 抽象不应该依赖具体实现，具体实现应该依赖抽象。

软件分层设计已经是软件开发者的共识。事实上，最早引入软件分层设计的目的是建立清晰的软件分层关系，便于高层模块依赖低层模块。在一般的应用程序中，策略层会依赖方法层，业务逻辑层会依赖数据存储层。这正是日常软件设计开发的常规方式。

那么，这种高层模块依赖低层模块的分层依赖方式有什么缺点呢？

一是维护困难。高层模块通常是业务逻辑和策略模型，是一个软件的核心所在。高层模块使一个软件区别于其他软件，而低层模块则更多的是技术细节。如果高层模块依赖低层模块，那么就是业务逻辑依赖技术细节，技术细节的改变将影响业务逻辑，使业务逻辑不得不做出改变。因为技术细节的改变而影响业务代码的改变，这是不合理的。

二是复用困难。通常，越是高层模块复用的价值就越高。但如果高层模块依赖低层模块，那么对高层模块的依赖将会导致对低层模块的连带依赖，使复用变得困难。

事实上，在软件开发中，很多地方都使用了依赖倒置原则。我们在 Java 开发中访问数据库，代码并不直接依赖数据库的驱动，而是依赖 JDBC。各种数据库的驱动都实现了 JDBC，当应用程序需要更换数据库时，不需要修改任何代码。这是因为应用代码、高层模块不依赖数据库驱动，而是依赖抽象 JDBC，而数据库驱动作为低层模块，也依赖 JDBC。

同样地，Java 开发的 Web 应用也不需要依赖 Tomcat 这样的 Web 容器，只需要依赖 J2EE 规范，Web 应用实现 J2EE 规范的 Servlet 接口，然后把应用程序打包，通过 Web 容器启动就可以处理 HTTP 请求了。这个 Web 容器可以是 Tomcat，也可以是 Jetty，任何实现了 J2EE 规范的 Web 容器都可以。同样，高层模块不依赖低层模块，大家都依赖 J2EE 规范。

其他我们熟悉的 MVC 框架、ORM 框架，也都遵循依赖倒置原则。

12.2　依赖倒置的关键是接口所有权的倒置

下面，我们进一步了解依赖倒置原则的设计原理，看看如何在程序设计开发中也能利用依赖倒置原则，开发出更少依赖、更低耦合、更可复用的代码。

图 12-1 所示是我们习惯上的层次依赖示例，策略层依赖方法层，方法层依赖工具层。

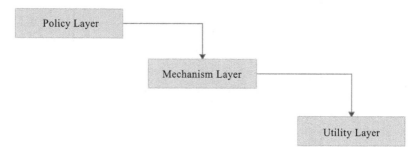

图 12-1　非依赖倒置的软件依赖层次关系

这样分层依赖的一个潜在问题是，策略层对方法层和工具层是传递依赖的，下面两层的任何改动都会导致策略层的改动，这种传递依赖导致的级联改动可能会使软件维护过程非常糟糕。

上述问题的解决办法是利用依赖倒置的设计原则，每个高层模块都为它所需要的服务声明一个抽象接口，而低层模块则实现这些抽象接口，高层模块通过抽象接口使用低层模块，如图 12-2 所示。

这样，高层模块就不需要直接依赖低层模块，而变成了低层模块依赖高层模块定义的抽象接口，从而实现了依赖倒置，解决了策略层、方法层、工具层的传递依赖问题。

我们日常的软件开发通常也要依赖抽象接口，而不是依赖具体实现。比如，Web 开发中 Service 层依赖 DAO 层，并不是直接依赖 DAO 的具体实现，而是依赖 DAO 提供的抽象接口。那么，这种依赖是否是依赖倒置呢？其实并不是，在依赖倒置原则中，除了具体实现要依赖抽象，最重要的是抽象是属于谁的抽象。

基于通常的编程习惯，低层模块拥有自己的接口，高层模块依赖低层模块提供的接口，比如，方法层有自己的接口，策略层依赖方法层的接口；DAO 层定义自己的接口，Service 层依赖 DAO 层定义的接口。

但是按照依赖倒置原则，接口的所有权是被倒置的，也就是说，接口被高层模块定义，高层模块拥有接口，低层模块实现接口。不是高层模块依赖低层模块的接口，而是低层模块依赖高层模块的接口，从而实现依赖关系的倒置。

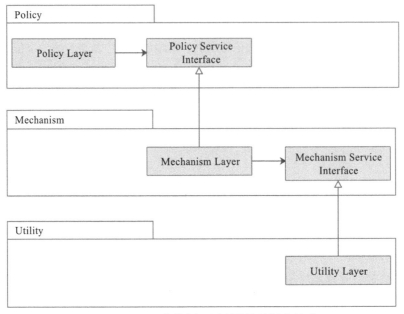

图 12-2　基于依赖倒置原则的依赖层次关系

在上面的依赖层次中，每一层的接口都被高层模块定义，由低层模块实现，高层模块完全不依赖低层模块，即使是低层模块的接口。这样，低层模块的改动不会影响高层模块，高层模块的复用也不会依赖低层模块。对于 Service 和 DAO 这个例子来说，就是 Service 定义接口，DAO 实现接口，这样才符合依赖倒置原则。

12.3　使用依赖倒置来实现高层模块复用

依赖倒置原则适用于一个类向另一个类发送消息的场景。我们再看一个例子。

Button 按钮控制 Lamp 灯泡，按钮按下的时候，灯泡点亮或者关闭。按照常规的设计思路，我们可能会设计出图 12-3 所示的类图关系，Button 类直接依赖 Lamp 类。

这样设计的问题在于 Button 依赖 Lamp，对 Lamp 的任何改动都可能会使 Button 受到牵连，做出联动的改变。同时，我们也无法重用 Button 类，比如，我们期望通过 Button 控制一个电机的启动或者停止，这种设计显然难以重用 Button，因为 Button 还依赖着 Lamp。

图 12-3 直接依赖的 Button 和 Lamp

解决之道就是将这个设计中的"依赖于实现",重构为"依赖于抽象"。这里的抽象就是打开、关闭目标对象。至于具体的实现细节,比如,开关指令如何产生、目标对象是什么,都不重要。图 12-4 所示是重构后的设计。

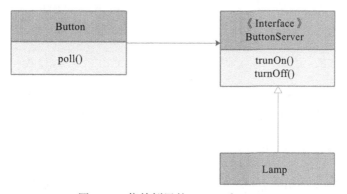

图 12-4 依赖倒置的 Button 和 Lamp

由 Button 定义一个抽象接口 ButtonServer;在 ButtonServer 中描述抽象:打开、关闭目标对象。由具体的目标对象,比如 Lamp 实现这个接口,从而完成 Button 控制 Lamp 这一功能需求。

通过这样一种依赖倒置,Button 不再依赖 Lamp,而是依赖抽象 ButtonServer,而 Lamp 也依赖 ButtonServer,高层模块和低层模块都依赖抽象。Lamp 的改动不会再影响 Button,而 Button 可以复用控制其他目标对象,如电机或者任何由按钮控制的设备,只要这些设备实现 ButtonServer 接口就可以了。

这里再强调一次,抽象接口 ButtonServer 的所有权是倒置的,它不属于低层模块 Lamp,而是属于高层模块 Button。这一点我们从命名上也能看出来,这正是依赖倒置原则的精髓所在。

这也正好回答了开头提出的问题:如何使其他工程师不调用我们的代码,就能使用我们代码的功能特性？如果我们是 Button 开发者，那么，只要其他工程师的代码实现了我们定义的 ButtonServer 接口，Button 就可以调用他们开发的 Lamp 或者其他任何由按钮控制的设备，使设备代码拥有了按钮功能。设备的代码开发者不需要调用 Button 的代码，就拥有了 Button 的功能，而我们也不需要关心 Button 会在什么样的设备代码中使用，所有实现 ButtonServer 的设备都可以使用 Button 功能。

所以依赖倒置原则也被称为好莱坞原则：Don't call me，I will call you.（不要来调用我，我会调用你）。Tomcat、Spring 都是基于这一原则设计出来的，应用程序不需要调用 Tomcat 或者 Spring 这样的框架，而是框架调用应用程序。实现这一特性的前提就是应用程序必须实现框架的接口规范，如实现 Servlet 接口。

12.4 小结

通俗地说，依赖倒置原则就是高层模块不依赖低层模块，而是都依赖抽象接口，这个抽象接口通常是由高层模块定义、低层模块实现。

遵循依赖倒置原则有这样几个编码守则：

❑ 应用代码中多使用抽象接口，尽量避免使用那些多变的具体实现类。
❑ 不要继承具体类，如果一个类在设计之初不是抽象类，那么，尽量不要去继承它。对具体类的继承是一种强依赖关系，维护的时候难以改变。
❑ 不要重写（override）包含具体实现的函数。

依赖倒置原则最典型的使用场景就是框架的设计。框架提供框架核心功能，如 HTTP 处理、MVC 等，并提供一组接口规范，应用程序只需要遵循接口规范编程，就可以被框架调用。程序使用框架的功能，但是不调用框架的代码，而是实现框架的接口，被框架调用，从而框架有更高的可复用性，广泛应用于各种软件开发中。

代码开发也可以按照依赖倒置原则，参考框架的设计理念，开发出灵活、低耦合、可复用的软件代码。

软件开发有时候像变魔术一样，常常表现出违反常识的特性，让人目眩神迷，而这正是软件编程这门艺术的魅力所在。感受到这种魅力，在自己的软件设计开发中体现出这种魅力，你就已经迈进了软件高手的大门。

第 13 章

软件设计的里氏替换原则
正方形可以继承长方形吗

我们都知道，面向对象编程语言有三大特性：封装、继承、多态。这几个特性也许可以很快学会，但是如果想要用好，可能要花非常多的时间。

通俗地说，接口（抽象类）的多个实现就是多态。多态可以让程序面向接口编程，在运行期绑定具体类，从而使得类之间不需要直接耦合就可以关联组合，构成一个更强大的整体以对外服务。绝大多数设计模式其实都是利用多态的特性"玩的把戏"，前面两章学习的开闭原则和依赖倒置原则也是利用了多态的特性。正是多态使得编程像变魔术，如果能用好多态，就掌握了大多数面向对象编程技巧。

封装是面向对象语言提供的特性，将属性和方法封装在类里面。用好封装的关键是知道应该将哪些属性和方法封装在某个类里。一个方法应该封装进 A 类里还是 B 类里？这个问题其实就是如何进行对象的设计。深入研究，里面也有诸多学问。

继承似乎比多态和封装要简单一些，但实践中，继承的误用也很常见。

13.1　里氏替换原则

如何设计类的继承关系？怎样使继承不违反开闭原则？实际上有一个关于继承的设计原则，即里氏替换原则。这个原则可表述为，若对每个类型 T1 的对象 o1 都存在一个类型 T2 的对象 o2，使得在所有针对 T2 编写的程序 P 中，用 o1 替换 o2 后，程序 P 的行为功能不变，则 T1 是 T2 的子类型。

上面这句话比较专业，通俗地说就是：子类型必须能够替换掉它们的基类型。

再稍微详细点就是：程序中，所有使用基类的地方都应该可以用子类代替。

语法上，任何类都可以被继承。但是一个继承是否合理，从继承关系本身是看不出来的，需要把继承放在应用场景的上下文中判断：使用基类的地方是否可以用子类代替？

如图 13-1 所示，这里有一个马的继承设计。

白马和小马驹都是马，所以都继承了马。这样的继承是否合理呢？要进行判断，我们需要将它放到应用场景中，如图 13-2 所示。

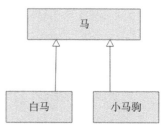

图 13-1　马的继承设计

在这个场景中，是人骑马。根据这里的关系，继承了马的白马和小马驹应该都可以代替马。白马代替马当然没有问题，人可以骑白马，但是小马驹代替马可能就不合适了，因为小马驹还没长大，可能无法被人骑。

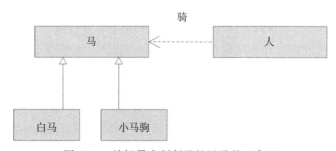

图 13-2　从场景中判断马的继承是否合理

很显然，作为子类的白马可以替换基类马，但是小马驹不能替换马，因此，小马驹继承马就不太合适了，违反了里氏替换原则。

13.2　一个违反里氏替换原则的例子

我们再看这样一段代码：

```
void drawShape(Shape shape) {
    if (shape.type == Shape.Circle ) {
        drawCircle((Circle) shape);
    } else if (shape.type == Shape.Square) {
        drawSquare((Square) shape);
    } else {
        ……
    }
}
```

这里 Circle 和 Square 继承了基类 Shape，然后在应用方法中，根据输入 Shape 对象类型进行判断，根据对象类型选择不同的绘图函数将图形画出来。这种写法的代码既常见又糟糕，它同时违反了开闭原则和里氏替换原则。

首先，只要看到这样的 if/else 代码，就可以判断其违反了开闭原则。当增加新的 Shape 类型时，必须修改这个方法，增加 else if 代码。

其次，也因为同样的原因违反了里氏替换原则。当增加新的 Shape 类型时，如果没有修改这个方法，没有增加 else if 代码，程序就无法正常运行，因此这个新类型就无法替换基类 Shape。

要解决这个问题其实也很简单，只需要在基类 Shape 中定义 draw 方法，所有 Shape 的子类（如 Circle、Square）都可以继承这个方法了，具体如下：

```
public abstract Shape{
    public abstract void draw();
}
```

上面那段 drawShape() 代码也就可以变得更简单：

```
void drawShape(Shape shape) {
    shape.draw();
}
```

这段代码既满足开闭原则，增加新的类型不需要修改任何代码，也满足里氏替换原则，在使用基类的这个方法中，可以用子类替换，程序正常运行。

13.3　正方形可以继承长方形吗

一个继承设计是否违反里氏替换原则，需要在具体场景中考察。我们再看一个例子。假设现在有一个长方形的类，类定义如下：

```
public class Rectangle {
    private double width;
    private double height;
    public void setWidth(double w) { width = w; }
    public void setHeight(double h) { height = h; }
    public double getWidth() { return width; }
    public double getHeight() { return height; }
    public double calculateArea() {return width * height;}
}
```

这个类满足我们的应用场景，在程序中被多个地方使用。但是现在，我们有个新需求，那就是还需要一个正方形。

看一个继承是否合理，我们会使用"IS A"进行判断，类 B 可以继承类 A，我们就说"类 B'IS A'类 A"，比如白马"IS A"马、轿车"IS A"车。

那正方形是不是"IS A"长方形呢？通常我们会说，正方形是一种特殊的长方形，是长和宽相等的长方形，从这个角度讲，正方形"IS A"长方形，也就是可以继承长方形。

在实现上，只需要在设置长方形时，同时设置长和宽相等就可以了，具体如下：

```
public class Square extends Rectangle {
    public void setWidth(double w) {
        width = height = w;
    }
    public void setHeight(double h) {
        height = width = w;
    }
}
```

这个正方形类设计看起来很正常，用起来似乎也没有问题。但是，真的没有问题吗？

继承是否合理，我们需要用里氏替换原则来判断。之前也说过，是否合理并不是从继承的设计本身看，而是从应用场景的角度看。如果在应用场景中，也就是在程序中，子类可以替换父类，那么继承就是合理的，如果不能替换，继承就是不合理的。

这个长方形的使用场景是怎样的呢？我们来看代码：

```
void testArea(Rectangle rect) {
    rect.setWidth(3);
    rect.setHeight(4);
    assert 12 == rect.calculateArea();
}
```

显然，在这个场景中，如果用子类 Square 替换父类 Rectangle，计算面积 calculateArea 将返回 16，而不是 12，程序是不能正确运行的，这样的继承不满足里氏替换原则，是不合理的继承。

13.4　子类不能比父类更严格

类的公有方法其实是对使用者的一个契约，使用者按照这个契约使用类，并期望类按照契约运行，返回合理的值。

当子类继承父类时，根据里氏替换原则，使用者可以在使用父类的地方使用子类替换，那么从契约的角度，子类的契约就不能比父类更严格，否则使用者在用子类替换父类时，就会因为更严格的契约而失败。

在上面这个例子中，正方形继承了长方形，但是正方形有比长方形更严格的契约，即正方形要求长和宽相等。在使用长方形的地方，正方形会因为更严格的契约而无法替换长方形。

本章开头的小马驹继承马的例子也是如此，小马驹比马有更严格的要求，即不能骑，那么小马驹继承马就是不合适的。

在类的继承中，如果父类方法的访问控制是 protected，那么子类重写这个方法时，可以改成 public，但是不能改成 private，因为 private 的访问控制比 protected 更严格，能使用父类 protected 方法的地方不能用子类的 private 方法替换，否则就违反里氏替换原则了。相反，如果子类方法的访问控制改成 public 就没问题，即子类可以有比父类更宽松的契约。同样，子类重写父类方法时，不能将父类的 public 方法改成 protected，否则会出现编译错误。

通常来说，如果子类比父类的契约更严格，就是违反里氏替换原则的。

子类不应该比父类更严格，这一原则看起来既合理又简单，但是在实际中，如果不严谨地审视自己的设计，是很可能违背里氏替换原则的。

在 JDK 中，类 Properties 继承自类 Hashtable，类 Stack 继承自 Vector，如图 13-3 所示。

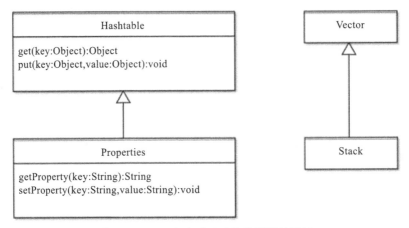

图 13-3　JDK 中违反里氏替换原则的设计

这样的设计其实是违反里氏替换原则的。Properties 要求处理的数据类型是 String，而它的父类 Hashtable 要求处理的数据类型是 Object，子类比父类的契约更严格；Stack 是一个栈数据结构，数据只能后进先出，而它的父类 Vector 是一个线性表，同样子类比父类的契约更严格。这两个类都是从 JDK1 就已经存在的，我想，如果能够重新再来，JDK 的工程师一定不会这样设计。这也从另一个方面说明，不恰当的继承是很容易发生的，设计继承的时候需要更严谨地审视自己的设计。

13.5　小结

实践中，当你继承一个父类仅仅是为了复用父类中的方法的时候，很有可能你离错误的继承已经不远了。一个类如果不是为了被继承而设计，最好就不要继承它。简单来说，如果不是抽象类或者接口，最好不要继承它。

如果你确实需要使用一个类的方法，最好的办法是组合这个类，而不是继承这个类，这就是人们通常说的组合优于继承。比如下面的示例：

```
Class A{
 public Element query(int id){...}
 public void modify(Element e){...}
}

Class B{
```

```
    private A a;
    public Element select(int id){
        a.query(id);
    }
    public void modify(Element e){
        a.modify(e);
    }
}
```

　　如果类 B 需要使用类 A 的方法，这时候不要去继承类 A，而是去组合类 A，这样也能达到使用类 A 方法的效果。这其实就是对象适配器模式。使用这个模式，类 B 不需要继承类 A，一样可以拥有类 A 的方法，同时还具有更大的灵活性，比如可以改变方法的名称以适应应用接口的需要。

　　当然，继承接口或者抽象类也不能保证你的继承设计就是正确的，最好的方法还是用里氏替换原则检查一下你的设计，即使用父类的地方是否可以用子类替换。

　　此外，值得注意的是，违反里氏替换原则不仅会发生在设计继承的地方，也可能发生在使用父类和子类的地方。错误的使用方法也可能导致程序违反里氏替换原则，使子类无法替换父类。

第 14 章

软件设计的单一职责原则
一个类文件打开后最好不要超过一屏

我在 Intel 工作期间，曾经接手过一个大数据 SQL 引擎的开发工作。我接手的时候，这个项目已经完成了早期的技术验证和架构设计，能够处理较为简单的标准 SQL 语句。后续公司打算成立一个专门的小组，开发支持完整的标准 SQL 语法的大数据引擎，然后进一步将这个产品商业化。

我接手后打开项目一看，不由一惊，这个项目只由几个类组成，其中最大的一个类，负责 SQL 语法的处理，有近万行代码。代码中充斥着大量的 switch/case、if/else 代码，而且方法之间互相调用，各种全局变量传递。

只有输入测试 SQL 语句时，在 debug 状态下才能理解每一行代码的意思。而这样的代码有 1 万行，现在只实现了不到 10% 的 SQL 语法特性。如果将 SQL 的全部语法特性都实现，这个类该有多大！逻辑有多复杂！维护有多困难！而且还要准备一个团队来合作开发。想想看，几个人在这样一个大文件里提交代码，定是苦不堪言。

这是当时这个 SQL 语法处理类中的一个方法，而这样的方法有上百个。

/**

```
    * Digest all Not Op and merge into subq or normal filter semantics
    * After this process there should not be any NOT FB
        in the FB tree.
    */
private void digestNotOp(FilterBlockBase fb, FBPrepContext ctx) {
    // recursively digest the not op in a top down manner
    if (fb.getType() == FilterBlockBase.Type.LOGIC_NOT) {
        FilterBlockBase child = fb.getOnlyChild();
        FilterBlockBase newOp = null;
        switch (child.getType()) {
        case LOGIC_AND:
        case LOGIC_OR: {
            // not (a and b) -> (not a) or (not b)
            newOp = (child.getType() == Type.LOGIC_AND)? new OpORFilterBlock()
                : new OpANDFilterBlock();
            FilterBlockBase lhsNot = new OpNOTFilterBlock();
            FilterBlockBase rhsNot = new OpNOTFilterBlock();
            lhsNot.setOnlyChild(child.getLeftChild());
            rhsNot.setOnlyChild(child.getRightChild());
            newOp.setLeftChild(lhsNot);
            newOp.setRightChild(rhsNot);
            break;
        }
        case LOGIC_NOT:
            newOp = child.getOnlyChild();
            break;
        case SUBQ: {
            switch (((SubQFilterBlock) child).getOpType()) {
            case ALL: {
                ((SubQFilterBlock) child).setOpType(OPType.SOMEANY);
                SqlASTNode op = ((SubQFilterBlock) child).getOp();
                // Note: here we directly change the original SqlASTNode
                revertRelationalOp(op);
                break;
            }
            case SOMEANY: {
                ((SubQFilterBlock) child).setOpType(OPType.ALL);
                SqlASTNode op = ((SubQFilterBlock) child).getOp();
                // Note: here we directly change the original SqlASTNode
                revertRelationalOp(op);
                break;
            }
            case RELATIONAL: {
                SqlASTNode op = ((SubQFilterBlock) child).getOp();
                // Note: here we directly change the original SqlASTNode
                revertRelationalOp(op);
                break;
            }
            case EXISTS:
                ((SubQFilterBlock) child).setOpType(OPType.NOTEXISTS);
                break;
            case NOTEXISTS:
                ((SubQFilterBlock) child).setOpType(OPType.EXISTS);
                break;
```

```
            case IN:
                ((SubQFilterBlock) child).setOpType(OPType.NOTIN);
                break;
            case NOTIN:
                ((SubQFilterBlock) child).setOpType(OPType.IN);
                break;
            case ISNULL:
                ((SubQFilterBlock) child).setOpType(OPType.ISNOTNULL);
                break;
            case ISNOTNULL:
                ((SubQFilterBlock) child).setOpType(OPType.ISNULL);
                break;
            default:
                // should not come here
                assert (false);
            }
            newOp = child;
            break;
        }
        case NORMAL:
            // we know all normal filters are either UnCorrelated or
            // correlated, don't have both case at present
            NormalFilterBlock nf = (NormalFilterBlock) child;
            assert (nf.getCorrelatedFilter() == null ||
                nf.getUnCorrelatedFilter() == null);
            CorrelatedFilter cf = nf.getCorrelatedFilter();
            UnCorrelatedFilter ucf = nf.getUnCorrelatedFilter();
            // It's not likely to result in chaining SqlASTNode
            // as any chaining NOT FB has been collapsed from top down
            if (cf != null) {
                cf.setRawFilterExpr(
                    SqlXlateUtil.revertFilter(cf.getRawFilterExpr(), false));
            }
            if (ucf != null) {
                ucf.setRawFilterExpr(
                    SqlXlateUtil.revertFilter(ucf.getRawFilterExpr(), false));
            }
            newOp = child;
            break;
        default:
        }
        fb.getParent().replaceChildTree(fb, newOp);
    }
    if (fb.hasLeftChild()) {
        digestNotOp(fb.getLeftChild(), ctx);
    }
    if (fb.hasRightChild()) {
        digestNotOp(fb.getRightChild(), ctx);
    }
}
```

我当时就觉得，我太难了……

14.1　单一职责原则

软件设计有两个基本准则：低耦合和高内聚。前面讲过的设计原则和后面将要讲的设计模式大多数都是关于如何进行低耦合设计的。而内聚性主要研究组成一个模块或者类的内部元素的功能相关性。

设计类的时候，我们应该把强相关的元素放在一个类里，而弱相关的元素放在类的外边。保持类的高内聚性，具体设计时应该遵循这样的设计原则：

一个类，应该只有一个引起它变化的原因。

这就是软件设计的单一职责原则。如果一个类承担的职责太多，就等于把这些职责都耦合在一起。这种耦合会导致类很脆弱，当变化发生时，会引起类不必要的修改，进而导致 Bug 出现。

职责太多，还会导致类的代码太多。一个类太大，就很难满足开闭原则，如果不得不打开类文件进行修改，大堆大堆的代码呈现在屏幕上，一不小心就会引出不必要的错误。

所以关于编程有这样一种最佳实践：一个类文件打开后，最好不要超过屏幕的一屏。这样做的好处有两点：一方面代码少，职责单一，可以更容易地进行复用和扩展，更符合开闭原则；另一方面，阅读简单，维护方便。

14.2　一个违反单一职责原则的例子

判断一个类的职责是否单一，就是看这个类是否只有一个引起它变化的原因。

我们看图 14-1 所示的设计示例。

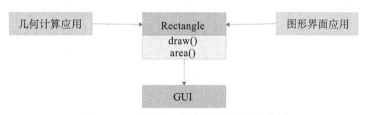

图 14-1　违反单一职责原则的设计示例

正方形类 Rectangle 有两个方法：一个是绘图方法 draw()，另一个是计算面积方法 area()。有两个应用需要依赖这个 Rectangle 类，一个是几何计算应用，另一个是图形界面应用。

绘图的时候程序需要计算面积，但是计算面积的时候程序不需要绘图。而在计算机屏幕上绘图又是一件非常麻烦的事情，所以需要依赖一个专门的 GUI 组件包。

这样就会出现一个尴尬的情形：当需要开发一个几何计算应用程序时，我需要依赖 Rectangle 类，而 Rectangle 类又依赖 GUI 包，一个 GUI 包可能有几十 MB 甚至数百 MB。本来几何计算程序作为一个纯科学计算程序，主要是一些数学计算代码，现在程序打包完，却不得不把一个不相关的 GUI 包也打包进来。本来程序包可能只有几百 KB，现在变成了几百 MB。

Rectangle 类的设计就违反了单一职责原则。Rectangle 承担了两个职责：一个是几何形状的计算，另一个是在屏幕上绘制图形。也就是说，Rectangle 类有两个引起它变化的原因，这种不必要的耦合不仅导致科学计算应用程序庞大，还会因为图形界面应用程序不得不修改 Rectangle 类时，而重新编译几何计算应用程序。

较好的设计方式是将这两个职责分离开来，将 Rectangle 类拆分成两个类，如图 14-2 所示。

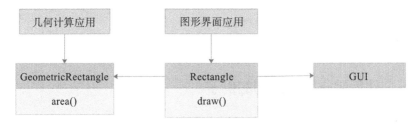

图 14-2　用单一职责原则重构后的设计

将几何面积计算方法拆分到一个独立的类 GeometricRectangle，这个类负责图形面积计算 area()。Rectangle 只保留单一绘图职责 draw()，现在绘制长方形的时候可以使用计算面积的方法，而几何计算应用程序不需要依赖一个不相关的绘图方法以及一大堆的 GUI 组件。

14.3　从 Web 应用架构演进看单一职责原则

事实上，Web 应用技术的发展和演化过程也是一个不断进行职责分离、实现单一职责原则的过程。在十几年前，互联网应用的早期，业务简单、技术落后，通常是一个类负责处理一个请求处理。

以 Java 为例，就是一个 Servlet 完成一个请求处理，如图 14-3 所示。

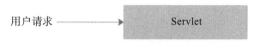

用户请求 ⟶ Servlet

图 14-3　视图、逻辑职责耦合

这种技术方案有一个比较大的问题：请求处理以及响应的全部操作都在 Servlet 里，Servlet 获取请求数据，进行逻辑处理，访问数据库，得到处理结果，根据处理结果构造返回的 HTML。这些职责全部都在一个类里完成，特别是输出 HTML，需要在 Servlet 中一行一行输出 HTML 字符串，如下所示：

```
response.getWriter().println("<html> <head> <title>servlet 程序 </title> </head>");
```

这是比较痛苦的，一个 HTML 文件可能会很大，在代码中一点一点拼字符串，编程困难、维护困难，总之就是各种困难。

于是，后来就有了 JSP。如果说 Servlet 是在程序中输出 HTML，那么 JSP 就是在 HTML 中调用程序。使用 JSP 开发 Web 程序如图 14-4 所示。

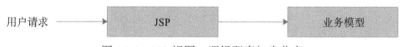

用户请求 ⟶ JSP ⟶ 业务模型

图 14-4　JSP 视图、逻辑职责初步分离

用户请求提交给 JSP，而 JSP 会依赖业务模型进行逻辑处理，并将模型的处理结果包装在 HTML 里面，构造成一个动态页面返回给用户。

使用 JSP 技术比 Servlet 更容易开发，至少不用再痛苦地进行 HTML 字符串拼接了。通常基于 JSP 开发的 Web 程序在职责上也会进行一些最基本的分离，如构造页面的 JSP 和处理逻辑的业务模型分离。但是这种分离藕断丝连，JSP 中依然存在大量的业务逻辑代码，代码和 HTML 标签耦合在一起，职责分离得并不彻底。

真正将视图和模型分离的是后来出现的各种 MVC 框架。MVC 框架通过控制器将视图与模型彻底分离。视图中只包含 HTML 标签和模板引擎的占位符，业务模型则专门负责业务处理。正是这种分离使得前后端开发成为两个不同的工种，前端工程师只做视图模板开发，后端工程师只做业务开发，彼此之间没有直接的依赖和耦合，各自独立开发、维护自己的代码，如图 14-5 所示。

有了 MVC，就可以顺理成章地将复杂的业务模型进行分层了。通过分层方式，将业务模型分为业务层、服务层、数据持久层，使各层职责进一步分离，更符合单一职责原则，如图 14-6 所示。

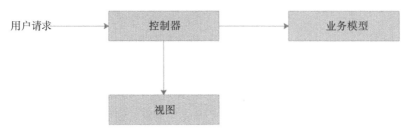

图 14-5　MVC（视图、模型、控制器）职责彻底分离

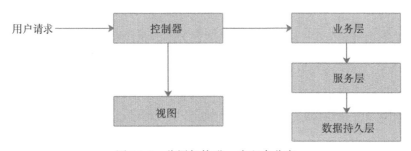

图 14-6　分层架构进一步职责分离

14.4　小结

让我们回到本章标题，类的职责应该是单一的，也就是引起类变化的原因应该只有一个，这样类的代码通常也是比较少的。在开发实践中，一个类文件在 IDE 中打开，最好不要超过一屏。

在本章开头所示的大数据 SQL 引擎的例子中，SQL 语法处理类的主要问题是太多功能职责被放在了一个类里。我在研读了原型代码并与开发原型的同事讨论后，把这个类的职责从两个维度进行了切分。一个维度是处理过程，整个处理过程可以分为语法定义、语法变形和语法生成这三个环节。每个 SQL 语句都需要依赖这三个环节。此外，本书第 6 章讲到每个 SQL 语句在处理的时候都要生成一个 SQL 语法树，而树是由很多节点组成的。从这个角度讲，每个语法树节点都应该由一个单一职责的类处理。

从这两个维度将原来有着近万行代码的类进行职责拆分，拆分出几百个类，每个类的职责都比较单一，只负责一个语法树节点的一个处理过程。很多小的类只有几行代码，打开后只占 IDE 的一小部分，在显示器上一目了然，阅读、维护都很轻松。类之间没有耦合，而在运行期，根据 SQL 语法树将这些代表语法节点的类构造成一棵树，然后用设计模式中的组合（Composite）模式进行遍历即可。

后续参与到开发中的同事，只需要针对还不支持的 SQL 语法功能点，开发相对应的语法转换器 Transformer 和语法树生成器 Generator 就可以了，不需要对原来的类再进行修改，甚至不需要调用原来的类。对于程序运行期，在语法处理时遇到对应的语法节点，交给相关的类处理就好了。

重构后虽然类的数量扩展了几百倍，但是代码总行数却少了很多，如图 14-7 所示的是重构后的部分代码截图。

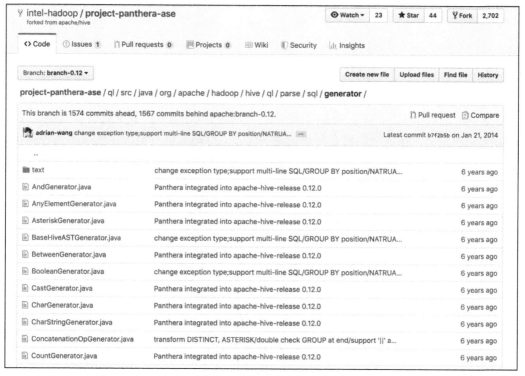

图 14-7　用单一职责原则重构后的大数据 SQL 引擎代码结构

第 15 章

软件设计的接口隔离原则
如何对类的调用者隐藏类的公有方法

我在阿里巴巴工作期间，曾经负责开发一个统一缓存服务，要求能够根据远程配置中心的配置信息，在运行期动态更改缓存的配置，可能是将本地缓存更改为远程缓存，也可能是更改远程缓存服务器集群的 IP 地址列表，进而改变应用程序使用的缓存服务。

这就要求缓存服务的客户端 SDK 必须支持运行期配置更新，而配置更新又会直接影响缓存数据的操作，于是就设计出如图 15-1 所示的缓存服务类。

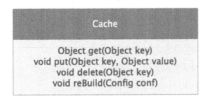

图 15-1 缓存服务类

这个缓存服务类的方法主要包含两个部分：一部分是缓存服务方法，如 get()、put()、delete()，这些方法是面向调用者的；另一部分是配置更新方法 reBuild()，这个方法主要是给远程配置中心调用的。

但问题是，Cache 的调用者如果看到 reBuild() 方法，并错误地调用了该方法，就可能导致 Cache 连接被错误重置，从而无法正常使用 Cache 服务。所以必须使用将 reBuild() 方法对缓存服务的调用者隐藏，而只对远程配置中心的本地代理开放这个方法。

但是 reBuild() 方法是一个 public 方法，如何对类的调用者隐藏类的公有方法？

15.1　接口隔离原则

我们可以使用接口隔离原则来解决这个问题。接口隔离原则可描述为：不应该强迫用户依赖他们不需要的方法。

那么，如果强迫用户依赖他们不需要的方法，会导致什么后果呢？

首先，用户可以看到这些他们不需要也不理解的方法，这样无疑会增加他们使用的难度，如果错误地调用了这些方法，就会产生 Bug。其次，当这些方法因为某种原因需要更改的时候，虽然不需要但是依赖这些方法的用户程序也必须做出更改，这是一种不必要的耦合。

但是如果一个类的几个方法之间本来就是互相关联的，就像开头所列举的那个缓存 Client SDK 的例子，reBuild() 方法必须要在 Cache 类里。在这种情况下，如何做到不强迫用户依赖他们不需要的方法呢？

先看一个简单的例子，Modem 类定义了四个主要方法：拨号 dail()、挂断 hangup()、发送 send() 和接收 recv()。这四个方法互相之间存在关联，需要定义在一个类里。

```
class Modem {
    void dial(String pno);
    void hangup();
    void send(char c);
    void recv();
}
```

但是对调用者而言，某些方法可能完全不需要，也不应该看到。比如拨号 dail() 和挂断 hangup()，这两个方式是专门的网络连接程序，通过网络连接程序进行拨号上网或者挂断网络。而一般的使用网络的程序，比如网络游戏或者网络浏览器，只需要调用 send() 和 recv() 来发送和接收数据就可以了。

强迫只需要上网的程序依赖它们不需要的拨号与挂断方法，只会导致不必要的耦合，带来潜在的系统异常。比如，在网络浏览器中不小心调用 hangup() 方法，就会导致整个机器断网，其他程序都不能连接网络。这显然不是系统想要的。

这种问题的解决方法就是通过接口进行方法隔离，让 Modem 类实现两个接口：DataChannel 接口和 Connection 接口。

DataChannel 接口对外暴露 send() 和 recv() 方法，这个接口只负责网络数据的发送和接收，网络游戏或者网络浏览器只依赖这个接口进行网络数据传输。这些应用程序不需要依赖它们不需要的 dail() 和 hangup() 方法，对应用开发者更加友好，也不会导致因错误的调用而引发程序 Bug。

而网络管理程序则可以依赖 Connection 接口，提供显式的 UI 让用户拨号上网或者挂断网络，进行网络连接管理，如图 15-2 所示。

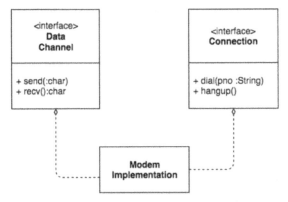

图 15-2　接口隔离的 Modem 实现类

通过使用接口隔离原则，可以将一个实现类的不同方法包装在不同的接口中对外暴露。应用程序只需要依赖它们需要的方法，而不会看到不需要的方法。

15.2　一个使用接口隔离原则优化的例子

我们再看一个使用接口隔离原则优化设计的例子。假设有一个 Door（门）对象，这个 Door 对象既可以锁上，又可以解锁，还可以判断门是否打开，如下所示：

```
class Door {
    void lock();
    void unlock();
```

```
    boolean isDoorOpen();
}
```

现在我们需要一个 TimedDoor，一个有定时功能的门，如果门开着的时间超过预定时间，它就会自动锁门。

假设我们已经有一个类 Timer 和一个接口 TimerClient，如下所示：

```
class Timer {
    void register(int timeout, TimerClient client);
}

interface TimerClient {
    void timeout();
}
```

TimerClient 可以向 Timer 注册，调用 register() 方法，设置超时时间。当超时的时候，就会调用 TimerClient 的 timeout() 方法。

那么，我们如何利用现有的 Timer 和 TimerClient 将 Door 改造成一个具有超时自动锁门的 TimedDoor 呢？

这里有一个容易且直观的办法：修改 Door 类，Door 实现 TimerClient 接口，这样 Door 就有了 timeout() 方法，直接将 Door 注册给 Timer，当超时的时候，Timer 调用 Door 的 timeout() 方法，在 Door 的 timeout() 方法里调用 lock() 方法，就可以实现超时自动锁门的操作，代码如下所示：

```
class Door implements TimerClient {
    void lock();
    void unlock();
    boolean isDoorOpen();
    void timeout(){
        lock();
    }
}
```

这个方法简单直接，也能实现需求，但是问题在于使 Door 多了一个 timeout() 方法。如果这个 Door 类想复用到其他地方，所有使用 Door 的程序都不得不依赖一个它们可能根本不用的方法。同时，Door 的职责也变得复杂了，违反了单一职责原则，维护会变得更加困难。这样的设计显然是有问题的。

要想解决这些问题，就应该遵循接口隔离原则。事实上，这里有两个互相独立的接口：一个接口是 TimerClient，用来供 Timer 进行超时控制；一个接口是 Door，用来控制门的操作。虽然超时锁门的操作是一个完整的动作，但是我们依然可以使用接口使其隔离。

　　一种方法是通过委托进行接口隔离，就是增加一个适配器 DoorTimerAdapter，这个适配器继承 TimerClient 接口并实现 timeout() 方法，并将自己注册给 Timer。适配器在自己的 timeout() 方法中，调用 Door 的方法实现超时锁门的操作，如图 15-3 所示。

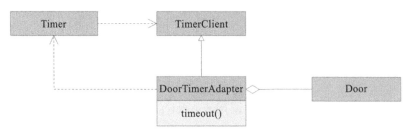

图 15-3　使用适配器模式实现接口隔离

　　这种场合使用的适配器可能会比较重，业务逻辑也比较多，如果超时的时候需要执行较多的逻辑操作，适配器的 timeout() 方法就会包含很多业务逻辑，超出了适配器的职责范围。而如果这些逻辑操作还需要使用 Door 的内部状态，可能还需要迫使 Door 做出一些修改。

　　接口隔离更典型的做法是使用多重继承，与前面 Modem 的例子一样，TimedDoor 同时实现 TimerClient 接口和继承 Door 类，在 TimedDoor 中实现 timeout() 方法，并注册到 Timer 定时器中，如图 15-4 所示。

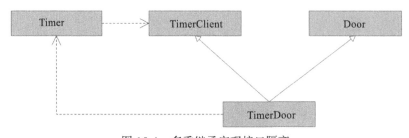

图 15-4　多重继承实现接口隔离

　　这样，使用 Door 的程序就不需要被迫依赖 timeout() 方法，Timer 也不会看到 Door 的方法，此时程序更加整洁，易于复用。

15.3　接口隔离原则在迭代器设计模式中的应用

Java 的数据结构容器类可以通过 for 循环直接进行遍历，比如：

```
List<String> ls = new ArrayList<String>();
ls.add("a");
ls.add("b");
for(String s: ls) {
    System.out.println(s);
}
```

事实上，这种 for 语法结构并不是标准的 Java for 语法，标准的 for 语法在实现上述遍历时应该如下所示：

```
for(Iterator<String> itr=ls.iterator();itr.hasNext();) {
    System.out.println(itr.next());
}
```

之所以可以写成上面那种简单的形式，就是因为 Java 提供的语法糖。Java 5 以后版本对所有实现了 Iterable 接口的类都可以使用这种简化的 for 循环进行遍历。而上面例子的 ArrayList 也实现了这个接口。

Iterable 接口定义如下，主要就是构造 Iterator 迭代器。

```
public interface Iterable<T> {
    Iterator<T> iterator();
}
```

在 Java 5 以前，每种容器的遍历方法都不相同，而在 Java 5 以后，可以统一使用这种简化的遍历语法实现对容器的遍历。而实现这一特性，主要就在于 Java 5 通过 Iterable 接口，将容器的遍历访问从容器的其他操作中隔离出来，使 Java 可以针对这个接口进行优化，提供更加便利、简洁、统一的语法。

15.4　小结

我们再回到开头那个例子，如何让缓存类的使用者看不到缓存重构的方法，以避免不必要的依赖和方法误用。答案就是使用接口隔离原则，通过多重继承的方式进行接口隔离。

Cache 实现类 BazaCache（Baza 是当时开发的统一缓存服务的产品名，原来的缓存实现类 Cache 重构为 BazaCache，Cache 设计为接口），同时实现 Cache 接口和

CacheManageable 接口，其中 Cache 接口提供标准的 Cache 服务方法，应用程序只需要依赖该接口即可。而 CacheManageable 接口则对外暴露 reBuild() 方法，使远程配置服务可以通过自己的本地代理调用这个方法，在运行期远程调整缓存服务的配置，使系统无须重新部署就可以热更新。

最后的缓存服务 SDK 核心类设计如图 15-5 所示。

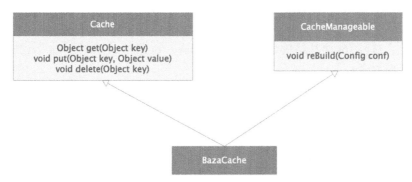

图 15-5　用接口隔离原则重构后的缓存

当一个类比较大时，如果该类的不同调用者被迫依赖类的所有方法，就可能产生不必要的耦合。对这个类的改动也可能会影响到它的不同调用者，引起误用，导致对象被破坏，引发 Bug。

使用接口隔离原则，就是定义多个接口，不同调用者依赖不同的接口，只看到自己需要的方法。而实现类则实现这些接口，通过多个接口将类内部不同的方法隔离开来。

第 16 章

设计模式基础
不会灵活应用设计模式，就没有掌握面向对象编程

我在面试的时候喜欢问一个问题："你比较熟悉哪些设计模式？"得到的回答很多时候是"单例"和"工厂"。老实说，这样的回答并没有让我满意。因为在我看来，单例和工厂固然是两种经典的设计模式，但是这些创建类的设计模式并不能代表设计模式的精髓。

设计模式的精髓在于对面向对象编程特性之一——多态的灵活应用，而多态正是面向对象编程的本质所在。

16.1 面向对象编程的本质是多态

面试时，我还经常会问"什么是对象"，得到的答案也是各种各样，如"对象是数据与方法的组合""对象是领域的抽象""一切都是对象""对象的特性就是封装、继承、多态"。

这是一个开放性问题，这些回答可以说都是对的，都描述了对象的某个方面。那么，

面向对象的本质是什么？面向对象编程与此前的面向过程编程的核心区别又是什么？

我们常说，面向对象编程的主要特性是封装、继承和多态。那么这三个特性是不是面向对象编程区别于其他编程技术的关键呢？

我们先看封装，面向对象编程语言都提供了类的定义。通过类，我们可以将类的成员变量和成员方法封装起来，还可以通过访问控制符 private、protected、public 控制成员变量和成员方法的可见性。

面向对象设计最基本的设计粒度就是类。类通过封装数据和方法，构成一个相对独立的实体。类之间通过访问控制的约束互相调用，这样就完成了面向对象的编程。但是，封装并不是面向对象编程语言独有的。面向过程的编程语言，如 C 语言，也可以实现封装特性，在头文件 .h 里面定义方法，而在实现文件 .c 里面定义具体的结构体和方法实现，从而使依赖 .h 头文件的外部程序只能够访问头文件里定义过的方法，这样同样实现了变量和函数的封装以及访问权限的控制。

继承似乎是面向对象编程语言才有的特性，事实上，C 语言也可以实现继承。如果 A 结构体包含 B 结构体的定义，那么，就可以理解成 A 继承了 B，定义在 B 结构上的方法可以直接（通过强制类型转换）执行 A 结构体的数据。

作为一种编程技巧，这种通过定义结构体实现继承特性的方法，在面向对象编程语言出现以前就已经被开发者广为使用了。

我们再来看多态，因为有指向函数的指针，多态在 C 语言中也可以实现。但是使用指向函数的指针来实现多态是非常危险的，因为这种多态没有语法和编译方面的约束，只能靠程序员之间约定，一旦出现 Bug，调试非常痛苦。因此，在面向过程语言的开发中，这种多态并不能频繁使用。

而在面向对象的编程语言中，多态非常简单，子类实现父类或者接口的抽象方法，程序使用抽象父类或者接口编程，运行期注入不同的子类，程序就表现出不同的形态，是为多态。

这样做最大的好处就是软件编程时的实现无关性，程序针对接口和抽象类编程，而不需要关心具体实现是什么。第 10 章中讲到一个案例：对于一个从输入设备复制字符到输出设备的程序，如果具体的设备实现和复制程序是耦合在一起的，那么，当我们想要增加任何输入设备或者输出设备时，都必须修改程序代码，最后这个复制程序将会变得越来越复杂，难于使用和理解。

而通过使用接口，我们定义了 Reader 和 Writer 两个接口，分别描述输入设备和输出设备，拷贝程序只需要针对这两个接口编程，而无须关心具体设备是什么，程序可以保持稳定，并且易于复用。具体设备在程序运行期创建，然后传给复制程序，传入什么具体设备，就在什么具体设备上操作复制逻辑，具体设备可以像插件一样灵活插拔，使程序呈现多态的特性。

多态还颠覆了程序模块间的依赖关系。在习惯的编程思维中，如果 A 模块调用 B 模块，那么 A 模块必须依赖 B 模块，也就是说，在 A 模块的代码中必须 import 或者 using B 模块的代码。但是通过使用多态的特性，可以将这个依赖关系倒置，也就是 A 模块调用 B 模块却可以不依赖 B 模块，反而是 B 模块依赖 A 模块。

这就是本书第 12 章中提到的依赖倒置原则。准确地说，B 模块也没有依赖 A 模块，而是依赖 A 模块定义的抽象接口。A 模块针对抽象接口编程，调用抽象接口，B 模块实现抽象接口。在程序运行期将 B 模块注入 A 模块，就使得 A 模块调用 B 模块，却没有依赖 B 模块。

多态常常使面向对象编程表现出神奇的特性，而多态正是面向对象编程的本质所在。正是多态，使得面向对象编程与以往的编程方式有了巨大的不同。

16.2 设计模式的精髓是对多态的使用

但是就算知道了面向对象编程的多态特性，很多程序员也很难利用好它开发出强大的面向对象程序。到底如何利用好多态特性呢？人们通过不断的编程实践，总结了一系列设计原则和设计模式。

前面几章内容讨论了以下几条设计原则。

❑ 开闭原则：软件类、模块应该是对修改关闭、对扩展开放的。通俗地说，即不修改代码就实现需求的变更。

❑ 依赖倒置原则：高层模块不应该依赖低层模块，低层模块也不应该依赖高层模块，它们都应该依赖抽象，而这个抽象是高层定义的，逻辑上属于高层。

❑ 里氏替换原则：所有能够使用父类的地方，应该都可以用它的子类替换。但要注意的是，能不能替换要看应用场景。所以在设计继承时，就要考虑运行期的场景，而不是仅仅考虑父类和子类的静态关系。

❑ 单一职责原则：一个类应该只有一个引起它变化的原因。实践中，类文件尽量不要太大，最好不要超过一屏。

❑ 接口隔离原则：不要强迫调用者依赖它们不需要的方法。方法主要是通过对接口的多重继承实现的，一个类实现多个接口，不同接口服务不同调用者，不同调用者看到不同方法。

这些设计原则大部分都与多态有关，不过这些设计原则更多时候是具有指导性的，编程时还需要依赖更具体的编程设计方法，这些方法就是设计模式。

模式是可重复的解决方案。人们在编程实践中发现有些问题是重复出现的，虽然场景各有不同，但是问题的本质一样，而解决这些问题的方法也是可以重复使用的。人们把这些可以重复使用的编程方法称为设计模式。设计模式的精髓就是对多态的灵活应用。

我们以装饰模式为例，看一下如何灵活应用多态特性。先定义一个接口 AnyThing，包含一个 exe 方法。

```
public interface AnyThing {
    void exe();
}
```

然后多个类实现这个接口。装饰模式最大的特点是通过类的构造函数传入一个同类对象，也就是每个类实现的接口和构造函数传入的对象是同一个接口。我们创建了三个类，如下：

```
public class Moon implements AnyThing {
    private AnyThing a;
    public Moon(AnyThing a) {
        this.a = a;
    }
    public void exe() {
        System.out.print(" 明月装饰了 ");
        a.exe();
    }
}

public class Dream implements AnyThing {
    private AnyThing a;
    public Dream(AnyThing a) {
        this.a=a;
    }
    public void exe() {
```

```
            System.out.print(" 梦装饰了 ");
            a.exe();
        }
    }

public class You implements AnyThing {
    private AnyThing a;
    public You(AnyThing a) {
        this.a = a;
    }
    public void exe() {
        System.out.print(" 你 ");
    }
}
```

设计这几个类的时候，它们之间没有任何耦合，但是在创建对象的时候，我们通过构造函数的不同次序，可以使这几个类互相调用，从而呈现不同的装饰结果。

```
AnyThing t = new Moon(new Dream(new You(null)));
t.exe();
```

输出：明月装饰了梦装饰了你

```
AnyThing t = new Dream(new Moon(new You(null)));
t.exe();
```

输出：梦装饰了明月装饰了你

多态是很迷人的。单独看类的代码时，这些代码似乎平淡无奇，但是一旦运行起来，就会表现出纷繁复杂的特性。所以多态有时候也会带来一些代码阅读方面的困扰，让面向对象编程的新手望而却步，这也正是设计模式的作用。这时候仅仅通过类的名字，如Observer、Adapter，就能知道设计者在使用什么模式，从而快速理解代码。

16.3　小结

如果你只是使用面向对象编程语言进行编程，其实并不能说明你就掌握了面向对象编程。只有灵活应用设计模式，使程序呈现多态的特性，进而使程序健壮、灵活、清晰、易于维护和复用，这才是真正掌握了面向对象编程。

所以，下次再有面试官让你"聊聊设计模式"时，你可以这样回答："除了单例和工厂，我更喜欢适配器和观察者，另外，组合模式在处理树形结构的时候也非常有用。"

设计模式是一项非常注重实践的编程技能，通过学习设计模式，我们可以体会到面向对象编程的种种精妙。要想真正掌握设计模式，我们需要在实践中不断使用它，让自己的程序更加健壮、灵活、清晰、易于复用和扩展。这个时候，面试聊设计模式时更好的回答是："我在工作中比较喜欢用模板模式和策略模式，上个项目中，为了解决不同用户使用不同推荐算法的问题，我……"

　　事实上，设计模式不仅仅包括《设计模式》这本书里讲到的 23 种设计模式，只要可重复用于解决某个问题场景的设计方案都可以称为设计模式。关于设计模式还有一句很著名的话："精通设计模式，就是忘了设计模式。"如果真正对设计模式融会贯通，你的程序中将无处不是设计模式，也许你在三五行代码里就用了两三个设计模式。你自己就是设计模式大师，甚至还可以创建一些新的设计模式。这个时候再去面试，面试官也不会再问你设计模式的问题了，如果问了，那么你说什么都是对的。

第 17 章

设计模式应用
编程框架中的设计模式

在绝大多数情况下，我们在开发应用程序的时候，并不是从头开发的。比如，用 Java 开发一个 Web 应用，并不需要自己写代码监听 HTTP 80 端口；不需要处理网络传输的二进制 HTTP 数据包，不需要亲自为每个用户请求分配一个处理线程，而是直接编写一个 Servlet，得到一个 HttpRequest 对象进行处理就可以了。如果用 Spring 开发，甚至不需要从这个 HttpRequest 对象中获取请求参数，通过 Controller 就可以直接得到一个由请求参数构造的对象。

我们写代码的时候，只需要关注自己的业务逻辑就可以了。那些通用的功能，如监听 HTTP 端口、从 HTTP 请求中构造参数对象，是由一些通用的框架来完成的，比如 Tomcat 或者 Spring。

17.1　什么是框架

框架是对某一类架构方案可复用的设计与实现。所有的 Web 应用都需要监听 HTTP 端口，也需要处理请求参数，这些功能不应该在每个 Web 应用中都被重复开发，而是应该以通用组件的形式被复用。

但并不是所有可被复用的组件都称作框架。框架通常规定了一个软件的主体结构，可以支撑起软件的整体或者局部的架构形式。比如说，Tomcat 完成了 Web 应用请求响应的主体流程，我们只需要开发 Servlet，完成请求处理逻辑，构造响应对象就可以了，所以 Tomcat 是一个框架。

还有一类可复用的组件不控制软件的主体流程，也不支撑软件的整体架构，比如 Log4J 提供了可复用的日志输出功能，但是日志输出功能不是软件的主体结构，所以我们通常不称 Log4J 为框架，而称其为工具。

一般说来，我们使用框架编程的时候，需要遵循框架的规范来编写代码。如 Tomcat、Spring、Mybatis、Junit 等，这些框架会调用我们编写的代码，而我们编写的代码则会调用工具来完成某些特定的功能，比如输出日志、进行正则表达式匹配等。

这里强调框架与工具的不同，并非咬文嚼字。我见过一些有进取心的工程师宣称自己设计开发了一个新框架，但是这个框架并没有提供一些架构性规范，也没有支撑软件的主体结构，仅仅只是提供了一些功能接口以供开发者调用，实际上，这跟我们对框架的期待相去甚远。

根据上述对框架的描述，当你设计一个框架时，实际上是在设计一类软件的通用架构，并通过代码的方式实现。如果仅仅是提供功能接口供程序调用，是无法支撑软件的架构的，也无法规范软件的结构。

那么，如何设计、开发一个编程框架呢？

前面我们讲过开闭原则，框架应该满足开闭原则，即面对不同应用场景，框架本身是不需要修改的，需要对修改关闭。但是各种应用功能却是可以扩展的，即对扩展开放，应用程序可以在框架的基础上扩展出各种业务功能。

同时框架还应该满足依赖倒置原则，即框架不应该依赖应用程序，因为开发框架的时候还没有应用程序呢。应用程序也不应该依赖框架，这样应用程序可以灵活更换框架。框架和应用程序应该都依赖抽象，比如，Tomcat 提供的编程接口就是 Servlet，应用程序只需要实现 Servlet 接口，就可以在 Tomcat 框架下运行，且不需要依赖 Tomcat，可以随时切换到 Jetty 等其他 Web 容器。

虽然设计原则可以指导框架开发，但是并没有给出具体的设计方法。事实上，框架正是利用各种设计模式开发出来的。编程框架与应用程序、设计模式、设计原则之间的关系如图 17-1 所示。

软件应用程序
软件编程框架
面向对象的设计模式
面向对象的设计原则
面向对象的设计目标 （低耦合、高内聚）

图 17-1　软件开发技术层次关系

面向对象的设计目标是低耦合、高内聚。为了实现这个目标，人们提出了一些设计原则，主要有开闭原则、依赖倒置原则、里氏替换原则、单一职责原则、接口隔离原则。在这些原则之上，人们总结了若干设计模式，最著名的就是《设计模式》一书中讲的 23 种设计模式，以及 MVC 模式等。依照这些设计模式，人们开发了各种编程框架。使用这些编程框架，开发者可以简单、快速地开发各种应用程序。

17.2　Web 容器中的设计模式

前面我们一再提到 Tomcat 是一个框架，那么 Tomcat 与其他同类的 Web 容器是用什么设计模式实现的？代码是如何被 Web 容器执行的？程序中的请求对象 HttpServletRequest 是从哪里来的？

Web 容器主要使用了策略模式，多个策略实现同一个策略接口。编程的时候 Tomcat 依赖策略接口，而在运行期根据不同上下文，Tomcat 装载不同的策略实现。

这里的策略接口就是 Servlet 接口，而我们开发的代码就是实现这个 Servlet 接口，处理 HTTP 请求。J2EE 规范定义了 Servlet 接口，接口中主要有三个方法：

```
public interface Servlet {
    public void init(ServletConfig config) throws ServletException;
    public void service(ServletRequest req, ServletResponse res)
            throws ServletException, IOException;
    public void destroy();
}
```

Web 容器 Container 在装载我们开发的 Servlet 具体类时，会调用这个类的 init 方法进行初始化。当有 HTTP 请求到达容器时，容器会对 HTTP 请求中的二进制编码进行反序列化，封装成 ServletRequest 对象，然后调用 Servlet 的 service 方法进行处理。当容器关闭的时候，会调用 destroy 方法做善后处理。

我们开发 Web 应用的时候，只需要实现这个 Servlet 接口，开发自己的 Servlet 就可以了，容器会监听 HTTP 端口，并将收到的 HTTP 数据包封装成 ServletRequest 对象，调用我们的 Servlet 代码。代码只需要从 ServletRequest 中获取请求数据进行处理计算就可以了，处理结果可以通过 ServletResponse 返回给客户端。

这里 Tomcat 就是策略模式中的 Client 程序，Servlet 接口是策略接口，我们自己开发的具体 Servlet 类就是策略的实现。通过使用策略模式，Tomcat 这样的 Web 容器可以调用各种 Servlet 应用程序代码，而各种 Servlet 应用程序代码也可以运行在 Jetty 等其他 Web 容器里，只要这些 Web 容器都支持 Servlet 接口就可以了。

Web 容器完成了 HTTP 请求处理的主要流程，指定了 Servlet 接口规范，实现了 Web 开发的主要架构，开发者只要在这个架构下开发具体的 Servlet 就可以了。因此，我们可以称 Tomcat、Jetty 这类 Web 容器为框架。

事实上，我们开发具体的 Servlet 应用程序时，并不会直接实现 Servlet 接口，而是继承 HttpServlet 类，HttpServlet 类实现了 Servlet 接口。HttpServlet 还用到了模板方法模式。所谓模板方法模式，就是在父类中用抽象方法定义计算的骨架和过程，而抽象方法的实现则留在子类中。

这里，父类是 HttpServlet，HttpServlet 通过继承 GenericServlet 实现了 Servlet 接口，并在自己的 service 方法中，针对不同的 HTTP 请求类型调用相应的方法，HttpServlet 的 service 方法就是一个模板方法。

```
protected void service(HttpServletRequest req,
    HttpServletResponse resp) throws ServletException, IOException
{
    String method = req.getMethod();
    if (method.equals(METHOD_GET)) {
        doGet(req, resp);
    } else if (method.equals(METHOD_HEAD)) {
        long lastModified = getLastModified(req);
        maybeSetLastModified(resp, lastModified);
        doHead(req, resp);
    } else if ...
```

　　由于 HTTP 请求有 get、post 等 7 种请求类型，为了便于编程，HttpServlet 提供了这 7 种 HTTP 请求类型对应的执行方法，如 doGet、doPost 等。service 模板方法会判断 HTTP 请求类型，根据不同的请求类型，执行不同的方法。开发者只需要继承 HttpServlet，重写 doGet、doPost 等对应的 HTTP 请求类型方法就可以了，不需要自己判断 HTTP 请求类型。Servlet 相关的类关系如图 17-2 所示。

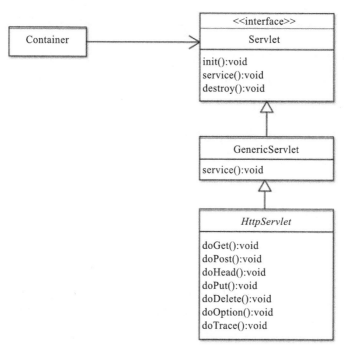

图 17-2　Servlet 的策略模式与模板方法模式

17.3　JUnit 中的设计模式

　　JUnit 是一个 Java 单元测试框架，开发者只需要继承 JUnit 的 TestCase，开发自己的测试用例类，通过 JUnit 框架执行测试，就得到测试结果。

　　开发测试用例如下：

```
public class MyTest extends TestCase {
    protected void setUp(){
        ...
    }
    public void testSome(){
```

```
        ...
    }
    protected void tearDown(){
        ...
    }
}
```

每个测试用例继承 TestCase，在 setUp 方法里做一些测试初始化的工作，比如装载测试数据，然后编写多个以 test 为前缀的方法，这些方法就是测试用例方法；还有一个 tearDown 方法，它在测试结束后进行一些收尾工作，比如删除数据库中的测试数据等。

那么，我们写的这些测试用例如何被 JUnit 执行呢？如何保证测试用例中这几个方法的执行顺序呢？JUnit 在这里也使用了模板方法模式，测试用例的方法执行顺序被固定在 JUnit 框架的模板方法里，具体如下：

```
public void runBare() throws Throwable {
    setUp();
    try{
        runTest();
    }
    finally {
        tearDown();
    }
}
```

runBare 是 TestCase 基类里的方法，测试用例执行时实际上只执行 runBare 模板方法。在这个方法里，先执行 setUp 方法，然后执行各种 test 前缀的方法，最后执行 tearDown 方法，保证每个测试用例都进行初始化及必要的收尾。而我们的测试类只需要继承 TestCase 基类，实现 setUp、tearDown 以及其他测试方法就可以了。

此外，一个软件的测试用例会有很多。实际工作中，你可能希望执行全部这些用例，也可能希望执行一部分用例。JUnit 提供了一个测试套件 TestSuite 来管理、组织测试用例。

```
public static Test suite() {
    TestSuite suite = new TestSuite("all");
    suite.addTest(MyTest.class);//加入一个 TestCase
    suite.addTest(otherTestSuite);//加入一个 TestSuite
    return suite;
}
```

TestSuite 可以通过 addTest 方法将多个 TestCase 类加入一个测试套件 suite，还可以将另一个 TestSuite 加入这个测试套件。当执行这个 TestSuite 时，加入的测试类 TestCase 会被执行，加入的其他测试套件 TestSuite 里面的测试类也会被执行，如果其他测试套件里包含了另外一些测试套件，也都会被执行。

这也就意味着 TestSuite 是可以递归的，事实上，TestSuite 是一个树状结构，如图 17-3 所示。

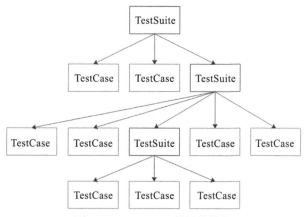

图 17-3　TestSuite 的树状结构

当我们从树的根节点遍历树时，就可以执行所有这些测试用例。传统上进行树的遍历是需要递归编程的，而使用组合模式无须递归也可以遍历树。

首先，TestSuite 和 TestCase 都实现了接口 Test，如下所示：

```
public interface Test {
    public abstract void run(TestResult result);
}
```

当我们调用 TestSuite 的 addTest 方法时，TestSuite 会将输入的对象放入一个数组，如下所示：

```
private Vector<Test> fTests= new Vector<Test>(10);

public void addTest(Test test) {
    fTests.add(test);
}
```

由于 TestCase 和 TestSuite 都实现了 Test 接口，所以执行 addTest 的时候，既可以传入 TestCase，也可以传入 TestSuite。执行 TestSuite 的 run 方法时，会取出这个数组的每个对象，分别执行它们的 run 方法，具体如下：

```
public void run(TestResult result) {
    for (Test each : fTests) {
```

```
        test.run(result);
    }
}
```

如果这个 test 对象是 TestCase，就执行测试；如果这个 test 对象是一个 TestSuite，就会继续调用这个 TestSuite 对象的 run 方法，遍历执行数组的每个 Test 的 run 方法，从而实现树的递归遍历。

17.4　小结

人们对架构师的工作有一种常见的误解，认为架构师做架构设计就可以了，架构师不需要写代码。事实上，架构师如果只是画画架构图，写写设计文档，那么，他如何保证自己的架构设计能被整个开发团队遵守、落到实处呢？

架构师应该通过代码落实自己的架构设计，也就是通过开发编程框架，约定软件开发的规范。开发团队依照框架的接口开发程序，最终被框架调用执行。架构师不需要拿着架构图一遍遍地讲软件架构是什么，只需要基于框架写个 Demo，大家就都清楚架构是什么，也知道自己该如何做了。

所以每个想成为架构师的程序员都应该学习如何开发框架。

第 18 章

反应式编程框架设计

如何使程序调用不阻塞等待，立即响应

本书第 1 章就讨论了为什么在高并发的情况下程序会崩溃。其主要原因是高并发时有大量用户请求需要程序计算处理，而目前的处理方式是为每个用户请求分配一个线程，当程序内部因为访问数据库等原因造成线程阻塞时，线程无法释放去处理其他请求，这样就会造成请求堆积，不断消耗资源，最终导致程序崩溃。

如图 18-1 所示是传统的 Web 应用程序运行期的线程特性。对于一个高并发的应用系统来说，总是同时有很多个用户请求到达系统的 Web 容器。Web 容器为每个请求分配一个线程进行处理，线程在处理过程中，如果遇到访问数据库或者远程服务等操作，就会进入阻塞状态，这个时候，如果数据库或者远程服务响应延迟，就会出现程序内的线程无法释放的情况，而外部的请求不断进来，导致计算机资源被快速消耗，最终程序崩溃。

那么，有没有不阻塞线程的编程方法呢？

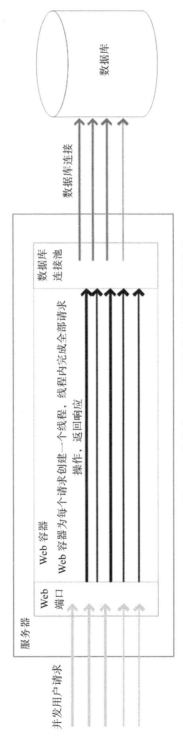

图 18-1　传统的 Web 应用程序运行期的线程模型

18.1　反应式编程

对于上面的问题，答案就是反应式编程。反应式编程本质上是一种异步编程方案，在多线程（协程）、异步方法调用、异步 I/O 访问等技术基础之上，提供了一整套与异步调用相匹配的编程模型，从而实现程序调用非阻塞、即时响应等特性，即开发出一个反应式系统，以应对编程领域越来越高的并发处理需求。

人们还提出了一个反应式宣言，认为反应式系统应该具备如下特质。

❏ 即时响应：应用的调用者可以即时得到响应，无须等到整个应用程序执行完毕。
也就是说应用调用是非阻塞的。
❏ 回弹性：当应用程序部分功能失效时，应用系统本身能够进行自我修复，保证正
常运行，保证响应，不会出现系统崩溃和宕机的情况。
❏ 弹性：系统能够对应用负载压力做出响应，能够自动伸缩以适应应用负载压力，
根据压力自动调整自身的处理能力，或者根据自身的处理能力，调整进入系统中
的访问请求数量。
❏ 消息驱动：功能模块之间、服务之间通过消息进行驱动，完成服务的流程。

目前主流的反应式编程框架有 RxJava、Reactor 等，它们的主要特点是基于观察者设计模式的异步编程方案，编程模型采用函数式编程。

观察者设计模式和函数式编程有自己的优势，但是反应式编程并不是必须用观察者设计模式和函数式编程。Flower 就是一个纯消息驱动，完全异步，支持命令式编程的反应式编程框架。

下面看看 Flower 如何实现异步无阻塞的调用，以及 Flower 这个框架设计使用了什么样的设计原则与模式。

18.2　反应式编程框架 Flower 的基本原理

图 18-2 所示为一个使用 Flower 框架开发的典型 Web 应用的线程特性。

当并发用户到达应用服务器的时候，Web 容器线程不需要执行应用程序代码，它只是将用户的 HTTP 请求变为请求对象，将请求对象异步交给 Flower 框架的 Service 去处理，自身立刻就返回。因为容器线程不做太多的工作，所以只需极少的容器线程就可以

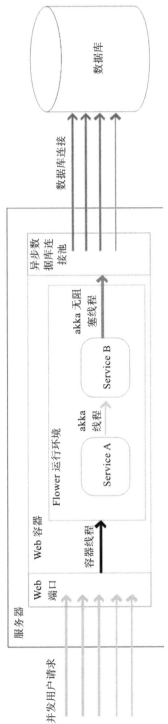

图 18-2　基于 Flower 框架开发的反应式程序线程模型

满足高并发的用户请求，用户的请求不会被阻塞，因此不会因为容器线程不够而无法处理。相比传统的阻塞式编程，Web 容器线程要完成全部的请求处理操作，直到返回响应结果才能释放线程，使用 Flower 框架只需要极少的容器线程就可以处理较多的并发用户请求，而且容器线程不会阻塞。

用户请求交给基于 Flower 框架开发的业务 Service 对象以后，Service 之间依然是使用异步消息通信的方式进行调用，不会直接进行阻塞式调用。一个 Service 完成业务逻辑处理计算以后会返回一个处理结果，这个结果以消息的方式异步发送给它的下一个 Service。

传统编程模型的 Service 之间如果进行调用，如书中第 1 章描述的那样，在被调用的 Service 返回之前，调用的 Service 方法只能阻塞等待。而 Flower 的 Service 之间使用了 Akka Actor 进行消息通信，调用者的 Service 发送调用消息后，不需要等待被调用者返回结果就可以处理自己的下一个消息了。事实上，这些 Service 可以复用同一个线程去处理自己的消息，也就是说，只需要有限的几个线程就可以完成大量的 Service 处理和消息传输，这些线程不会阻塞等待。

我们刚才提到，通常 Web 应用线程阻塞主要是因为数据库访问导致的线程阻塞。Flower 支持异步数据库驱动，用户请求数据库时，将请求提交给异步数据库驱动，立刻就返回，不会阻塞当前线程。异步数据库访问连接远程的数据库，进行真正的数据库操作，得到结果以后，将结果以异步回调的方式发送给 Flower 的 Service 进行进一步的处理，这个时候依然不会有线程被阻塞。

也就是说，使用 Flower 开发的系统在一个典型的 Web 应用中几乎没有任何地方会被阻塞，所有的线程都可以被不断地复用，有限的线程就可以完成大量的并发用户请求，从而大大提高系统的吞吐能力、缩短系统的响应时间，同时，由于线程不会被阻塞，应用就不会因为并发量太大或者数据库处理缓慢而宕机，从而提高了系统的可用性。

Flower 框架实现异步无阻塞，一方面是利用了 Web 容器的异步特性，主要是 Servlet 3.0 以后提供的 AsyncContext，可快速释放容器线程；另一方面是利用了异步的数据库驱动以及异步的网络通信，主要是 HttpAsyncClient 等异步通信组件。而 Flower 框架内，核心的应用代码之间的异步无阻塞调用则是利用了 Akka 的 Actor 模型实现。

Akka Actor 的异步消息驱动实现如图 18-3 所示。

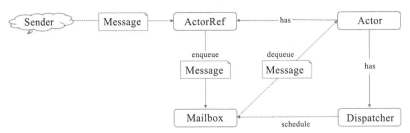

图 18-3　Akka Actor 消息驱动模型

一个 Actor 与另一个 Actor 通信的时候，当前 Actor 就是一个消息的发送者 sender，当它想要与另一个 Actor 通信时，就需要获得另一个 Actor 的 ActorRef，也就是一个引用，通过引用进行消息通信。而 ActorRef 收到消息以后，会将这个消息放入目标 Actor 的 Mailbox 里面，然后立即返回。

也就是说，一个 Actor 向另一个 Actor 发送消息时，不需要另一个 Actor 真正去处理这个消息，只需要将消息发送到目标 Actor 的 Mailbox 里面就可以了。这并不会被阻塞，它可以继续执行自己的操作，而目标 Actor 检查自己的 Mailbox 中是否有消息，如果有消息，Actor 则会从 Mailbox 获取消息，对消息进行异步处理，而所有的 Actor 会共享线程，这些线程不会有任何阻塞。

18.3　反应式编程框架 Flower 的设计方法

但是直接使用 Actor 进行编程有很多不便，Flower 框架对 Actor 进行了封装，开发者只需要编写一些细粒度的 Service，这些 Service 会被包装在 Actor 里面，以进行异步通信。

Flower Service 示例如下：

```
public class ServiceA implements Service<Message2> {
    @Override
    public Object process(Message2 message) {
        return message.getAge() + 1;
    }
}
```

每个 Service 都需要实现框架 Service 接口的 process 方法，process 方法的输入参数就是前一个 Service process 方法的返回值，这样只需要将 Service 编排成一个流程，Service 的返回值就会变成 Actor 的一个消息，被发送给下一个 Service，从而实现 Service 的异步通信。

Service 的流程编排有两种方式，一种方式是编程实现，具体如下：

```
getServiceFlow().buildFlow("ServiceA", "ServiceB");
```

这行代码表示 ServiceA 的返回值将作为消息发送给 ServiceB，成为 ServiceB 的输入值，这样两个 Service 就可以合作完成一些更复杂的业务逻辑了。

另一种方式，Flower 还支持可视化的 Service 流程编排，如图 18-4 所示，像这张图一样编辑流程定义文件，就可以开发一个异步业务处理流程。

```
// -> service1 -> service2 -> service5 -> service4
//        ^                      ^          |
//        |          -> service3 -|         |
//        |_____|

service1 -> service2
service1 -> service3
service2 -> service5
service3 -> service5
service5 -> service4
service4 -> service1
```

图 18-4　可视化的 Flower 流程编排

那么，这个 Flower 框架是如何实现的呢？

Flower 框架的设计也是基于前面章节讨论的依赖倒置原则。所有应用开发者实现的 Service 类都需要包装在 Actor 里面，以进行异步调用，但是 Actor 不会依赖开发者实现的 Service 类，开发者也不会依赖 Actor 类，他们共同依赖一个 Service 接口，这个接口是框架提供的，如上面示例所示。

Actor 与 Service 的依赖倒置关系如图 18-5 所示。

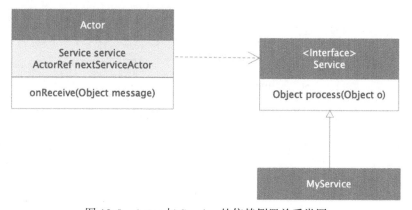

图 18-5　Actor 与 Service 的依赖倒置关系类图

每个 Actor 都依赖一个 Service 接口，而具体的 Service 实现类，如 MyService，则实现这个 Service 接口。在运行期实例化 Actor 时，这个接口被注入具体的 Service 实现类，如 MyService。在 Flower 中，调用 MyService 对象，其实就是给包装 MyService 对象的 Actor 发消息，Actor 收到消息，执行自己的 onReceive 方法，在这个方法里，Actor 调用 MyService 的 process 方法，并将 onReceive 收到的 Message 对象当作 process 的输入参数传入。

process 处理完成后，返回一个 Object 对象。Actor 会根据编排好的流程，获取 MyService 在流程中的下一个 Service 对应的 Actor，即 nextServiceActor，将 process 返回的 Object 对象当作消息发送给这个 nextServiceActor。这样，Service 之间就根据编排好的流程异步、无阻塞地调用执行起来了。

18.4　反应式编程框架 Flower 的落地效果

Flower 框架在部分项目中落地应用的效果较为显著。一方面，Flower 可以显著提高系统的性能。如图 18-6 所示是某个 C# 开发的系统使用 Flower 重构后的 TPS 性能比较，使用 Flower 开发的系统 TPS 差不多是原来 C# 系统的两倍。

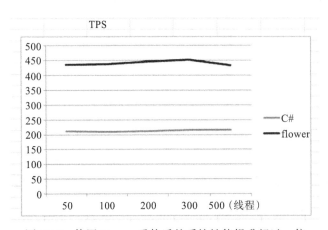

图 18-6　使用 Flower 重构后的系统性能提升超过一倍

另一方面，Flower 对系统可用性也有较大提升，目前常见的微服务应用架构如图 18-7 所示。

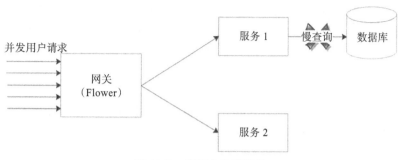

图 18-7　微服务应用架构

用户请求通过网关服务器调用微服务完成处理，当有某个微服务连接的数据库查询执行较慢时，如图 18-7 所示服务 1，按照传统的线程阻塞模型，就会导致服务 1 的线程都被阻塞在这个慢查询的数据库操作上。同样的，网关线程也会阻塞在调用这个延迟比较厉害的服务 1 上。

最终的后果就是网关所有的线程都被阻塞，即使是不调用服务 1 的用户请求也无法处理，最后整个系统失去响应，应用宕机。使用阻塞式编程的实际压测效果如图 18-8 所示，当服务 1 响应延迟、出错率大幅飙升时，通过网关调用正常的服务 2 的出错率也非常高，性能压测结果如图 18-8 所示。

请求标签	请求样本数	平均响应时间(ms)	中位值(ms)	90%线(ms)	95%线(ms)	99%线(ms)	最小值(ms)	最大值(ms)	出错率(%)	TPS	接收(KB/s)	发送(KB/s)
服务1	7470	9997	10011	10012	10013	10015	9115	10047	97.4163	25.57	64.93	0.79
服务2	7470	9916	10011	10012	10012	10014	8072	10047	94.6586	25.50	70.7	0.23

图 18-8　传统网关部分微服务故障导致网关不可用

使用 Flower 开发的网关的实际压测效果如下，同样在服务 1 响应延迟、出错率极高的情况下，通过 Flower 网关调用服务 2 完全不受影响，如图 18-9 所示。

请求标签	请求样本数	平均响应时间(ms)	中位值(ms)	90%线(ms)	95%线(ms)	99%线(ms)	最小值(ms)	最大值(ms)	出错率(%)	TPS	接收(KB/s)	发送(KB/s)
服务1	14954	9952	10011	10011	10012	10013	6030	10067	98.034	48.30	123.37	1.13
服务2	14456	12	4	14	52	163	3	231	0	49.33	186.47	8.33

图 18-9　Flower 反应式网关避免部分微服务故障引发网关故障

18.5　小结

事实上，Flower 不仅是一个反应式 Web 编程框架，还是反应式微服务框架。也就是说，Flower 的 Service 可以远程部署到一个 Service 容器里面，就像我们现在常用的微服务架构一样。Flower 会提供一个独立的 Flower 容器，用于启动一些 Service，这些

Service 在启动之后向注册中心进行注册，而且应用程序可以将这些分布式 Service 进行流程编排，得到一个分布式非阻塞的微服务系统。整体架构和主流的微服务架构很像，主要的区别就是 Flower 的服务是异步的，通过流程编排的方式进行服务调用，而不是通过接口依赖的方式进行调用。

　　Flower 框架的源代码地址是 https://github.com/zhihuili/flower，欢迎你参与 Flower 开发，也欢迎你将 Flower 应用到自己的系统开发中。

第 19 章

组件设计原则

组件的边界在哪里

软件的复杂度与它的规模成指数关系，一个复杂度为 100 的软件系统，如果能拆分成两个互不相关、同等规模的子系统，那么每个子系统的复杂度应该是 25，而不是 50。软件开发这个行业在很久之前就形成了一个共识，应该将复杂的软件系统进行拆分，拆成多个低复杂度的子系统，子系统还可以继续拆分成更小粒度的组件。也就是说，软件需要进行模块化、组件化设计。

事实上，早在打孔纸带编程时代，程序员们就开始尝试进行软件的组件化设计了。那些相对独立、可以被复用的程序被打在纸带卡片上，放在一个盒子里。当某个程序需要复用这个程序组件时，就把这一摞纸带卡片取出来，放在要运行的其他纸带的前面或者后面，被光电读卡器一起扫描、一起执行。

其实我们现在的组件开发与复用与此类似。比如，我们用 Java 开发，会把独立的组件编译成一个个的 jar 包，相当于这些组件被封装在一个个盒子里。需要复用时，程序只需要依赖这些 jar 包，而运行时，只需要把这些依赖的 jar 包放在 classpath 路径下，最后被 JVM 统一装载，一起执行。

现在，稍有规模的软件系统一定被拆分成很多组件。正是因为组件化设计，我们才能开发出复杂的系统。

那么，如何进行组件的设计呢？组件的粒度应该多大？如何对组件的功能进行划分？组件的边界又在哪里？

我们之前说过，软件设计的核心目标就是高内聚、低耦合。今天我们就从这两个维度来看组件的设计原则。

19.1　组件内聚原则

组件内聚原则主要讨论哪些类应该聚合在同一个组件中，以便组件既能提供相对完整的功能，又不至于太过庞大。在具体设计中，可以遵循以下三个原则。

19.1.1　复用发布等同原则

复用发布等同原则就是说，软件复用的最小粒度应该等同于其发布的最小粒度。也就是说，如果你希望别人以怎样的粒度复用你的软件，那么你就应该以怎样的粒度发布你的软件。这其实就是组件的定义了，组件是软件复用和发布的最小粒度软件单元。这个粒度既是复用的粒度，也是发布的粒度。

同时，如果你发布的组件会不断变更，那么你就应该用版本号做好组件的版本管理，以使组件的使用者能够知道自己是否需要升级组件版本，以及是否会出现组件不兼容的情况。因此，组件的版本号应该遵循大家都接受的约定。

这里有一个版本号约定建议，供大家参考。版本号格式为"主版本号 . 次版本号 . 修订号"。例如 1.3.12，在这个版本号中主版本号是 1，次版本号是 3，修订号是 12。主版本号升级，表示组件发生了不向前兼容的重大修订；次版本号升级，表示组件进行了重要的功能修订或者 Bug 修复，但是组件是向前兼容的；修订号升级，表示组件进行了不重要的功能修订或者 Bug 修复。

19.1.2　共同封闭原则

共同封闭原则是说，应该将那些会同时修改，并且为了相同目的而修改的类放到同一个组件中；将不会同时修改，并且不会为了相同目的而修改的类放到不同的组件中。

组件的目的虽然是为了复用，然而开发中常常引发问题的恰恰在于组件本身的可维护性。如果组件在自己的生命周期中必须经历各种变更，那么最好不要涉及其他组件，相关的变更都在同一个组件中。这样，当变更发生时，只需要重新发布这个组件就可以了，而不是一大堆组件都会受到牵连。

也许将某些类放入这个组件中对于复用是便利的、合理的，但如果组件的复用与维护发生冲突，比如这些类将来的变更和整个组件将来的变更是不同步的，不会由于相同的原因发生变更，那么为了可维护性，应该谨慎考虑，是不是应该将这些类和组件放在一起。

19.1.3 共同复用原则

共同复用原则是说，不要强迫一个组件的用户依赖他们不需要的东西。

这个原则一方面是说，我们应该将互相依赖、共同复用的类放在同一个组件中。比如一个数据结构容器组件提供数组、Hash 表等各种数据结构容器，那么对数据结构遍历的类、排序的类也应该放在这个组件中，以使这个组件中的类共同对外提供服务。

另一方面，这个原则也说明，不是被共同依赖的类就不应该放在同一个组件中。如果不被依赖的类发生变更，就会引起组件变更，进而引起使用组件的程序也发生变更。这样就会导致组件的使用者产生不必要的困扰，甚至讨厌使用这样的组件，也造成了组件复用的困难。

其实，以上三个组件内聚原则相互之间也存在一些冲突，比如共同复用原则和共同封闭原则，一个强调易复用，一个强调易维护，这两者是有冲突的。因此，这些原则可以用来指导组件设计时的考量，但要想真正做出正确的设计决策，还需要架构师依据自己的经验和对场景的理解，对这些原则进行权衡。

19.2 组件耦合原则

组件内聚原则讨论的是组件应该包含哪些功能和类，而组件耦合原则讨论组件之间的耦合关系应该如何设计。组件耦合关系设计也应该遵循以下三个原则。

19.2.1 无循环依赖原则

无循环依赖原则是说，组件依赖关系中不应该出现环。如果组件 A 依赖组件 B，组件 B 依赖组件 C，组件 C 又依赖组件 A，这就形成了循环依赖。

很多时候，循环依赖是在组件的变更过程中逐渐形成的，组件 A 版本 1.0 依赖组件 B 版本 1.0，后来组件 B 升级到 1.1，升级的某个功能依赖组件 A 的 1.0 版本，于是形成了循环依赖。如果组件设计的边界不清晰，组件开发设计缺乏评审，开发者只关注自己开发的组件，整个项目对组件依赖管理没有统一的规则，则很有可能出现循环依赖。

而一旦系统内出现组件循环依赖，系统就会变得非常不稳定。即使一个微小的 Bug 都可能导致连锁反应，在其他地方出现莫名其妙的问题，有时甚至什么都没做，头一天还是好好的系统，第二天就无法启动了。

在有严重循环依赖的系统内开发代码，整个技术团队就好像在焦油坑里编程，什么也不敢动，也动不了，只有焦躁和沮丧。

19.2.2 稳定依赖原则

稳定依赖原则是说，组件依赖关系必须指向更稳定的方向。很少有变更的组件是稳定的。换句话说，经常变更的组件是不稳定的。根据稳定依赖原则，不稳定的组件应该依赖稳定的组件，而不是稳定的组件依赖不稳定的组件。

反过来说，如果一个组件被更多的组件依赖，那么它需要是相对稳定的，因为想要变更一个被很多组件依赖的组件，本身就是一件困难的事情。相对应，如果一个组件依赖了很多组件，那么它相对也是不稳定的，因为它依赖的任何组件发生变更，都可能导致自己的变更。

通俗地说，稳定依赖原则就是组件不应该依赖一个比自己还不稳定的组件。

19.2.3 稳定抽象原则

稳定抽象原则是说，一个组件的抽象化程度应该与其稳定性程度一致。也就是说，一个稳定的组件应该是抽象的，而不稳定的组件应该是具体的。

这个原则对具体开发具有一定的指导意义。如果你设计的组件是具体的、不稳定的，那就可以为这个组件对外提供服务的类设计一组接口，并把这组接口封装在一个专门的组件中，这个组件相对就比较抽象、稳定。

在具体实践中，这个抽象接口的组件设计也应该遵循前面章节讲到的依赖倒置原则。抽象的接口组件不应该由低层具体实现组件定义，而应该由高层使用组件定义。高层使用组件依赖接口组件进行编程，而低层实现组件实现接口组件。

Java 中的 JDBC 就是这样一个例子。在 JDK 中定义 JDBC 接口组件，这个接口组件位于 java.sql 包，我们开发应用程序的时候，只需要使用 JDBC 的接口编程就可以了。而发布应用的时候，我们指定具体的实现组件，可以是 MySQL 实现的 JDBC 组件，也可以是 Oracle 实现的 JDBC 组件。

19.3 小结

组件的边界与依赖关系划分不仅需要考虑技术问题，也要考虑业务场景问题。易变与稳定、依赖与被依赖，都需要放在业务场景中考察。有时候，甚至不只是技术和业务的问题，还需要考虑人的问题。在一个复杂的组织中，组件的依赖与设计需要考虑人的因素，有时组件的功能划分涉及部门的职责边界，甚至会与公司内的组织关系关联起来。

因此，公司的技术沉淀与实力、公司的业务情况、部门与团队的人情世故，甚至公司的过往历史，都可能会对组件的设计产生影响。而能够深刻了解这些情况的通常都是公司的一些"老人"。所以，年长的程序员并不一定要与年轻程序员拼技术甚至拼体力，应该发挥自身所长，去做一些对自己、对公司更有价值的事情。其实，这也正是架构师的核心价值所在。

第 20 章

领域驱动设计
35 岁的程序员应该写什么样的代码

我在阿里巴巴工作的头一年，坐在我对面的同事负责开发一个公司统一的运维系统。他对这个系统做了谨慎的调研和认真的思考，花费了半年多的时间，终于开发完成。开发完成时，他邀请各个部门的相关同事做发布评审，如果大家没什么意见就发布上线，在全公司范围统一推广使用。

结果在这个发布会上，几乎所有部门的同事都提出了不同的意见：虽然这个功能是我们需要的，但是那个特性却是不能接受的，我们以往不是这样的……

最糟糕的是，不同部门的这个功能和那个特性又几乎不相同。最终讨论的结果是，这个系统不能发布推广，需要重新设计。

这个同事又花了几个月的时间，尝试满足所有部门的不同需求，最终发现无法统一这些功能需求，于是辞职了……

他离职后，一次会议上我们又讨论起这个项目为什么会失败，其中有个同事的话让我印象深刻，大意是：如果你对自己要开发的业务领域没有清晰的定义和边界，没有设计系统的领域模型，而仅仅跟着所谓的需求不断开发功能，那么一旦需求来自多个方面，就可能发生需求冲突，或者随着时间的推移，前后功能也会发生冲突，这时你越是试图弥补这些冲突，就越会陷入更大的冲突之中。

回想一下我经历的各种项目，确实如此：用户或者产品经理的需求零零散散，不断变更；工程师在各处代码中寻找可以实现这些需求变更的代码，修修补补；软件只有需求分析，没有真正的设计，系统没有一个统一的领域模型维持其内在的逻辑一致性；功能特性并不是按照领域模型内在的逻辑设计，而是按照各色人等自己的主观想象设计；项目时间一长，各种困难重重，需求不断延期，线上 Bug 不断，管理者考虑是不是要推倒重来，而程序员则考虑是不是要"跑路"。

20.1　领域模型模式

目前在企业级应用开发中，业务逻辑的组织方式主要是事务脚本模式。事务脚本按照业务处理的过程组织业务逻辑，每个过程处理来自客户端的单个请求。客户端的每次请求都包含了一定的业务处理逻辑，而程序则按照每次请求的业务逻辑进行划分。

典型的事务脚本模式就是 Controller → Service → Dao 这样的程序设计模式。Controller 封装用户请求，根据请求参数构造一些数据对象调用 Service，Service 里面包含大量的业务逻辑代码，完成对数据的处理，期间可能需要通过 Dao 从数据库中获取数据，或者将数据写入数据库中。

比如这样一个业务场景：每个销售合同都包含一个产品，根据销售的不同产品类型计算收入；当用户支付时，需要计算合同收入。

按照事务脚本模式，也就是我们目前习惯的方法，程序设计可能是如图 20-1 所示的样子。

用户发起请求到 Controller，Controller 调用 Service 的 calculate-Recognition 方法，并将合同 ID 传递过去计算收入。Service 根据合同 ID 调用 Dao 查找合同信息，根据合同获得产品类型，再根据产品类型计算收入，然后把确认收入保存到数据库。

这里有一个很大的问题：不同产品类型收入的计算方法不同，如果修改计算方法或者增加新的产品类型，都需要修改这个 Service 类。随着业务不断复杂，这个类会变得越来越难以维护。

在这里，Service 只是用来存放收入计算方法的一个类，并没有设计的约束。如果有一天，另一个客户端需要计算另一种产品类型收入，很可能会重新写一个 Service。于是，相同的业务在不同的地方维护，事情变得更加复杂。

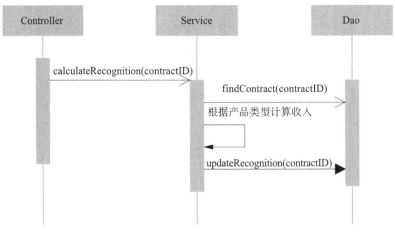

图 20-1　事务脚本模式示例

由于事务脚本模式中 Service、Dao 这些对象只有方法，没有数值成员变量，而方法调用时传递的数值对象没有方法（或者只有一些 getter、setter 方法），因此事务脚本又被称作贫血模型。

领域模型模式与事务脚本模式不同。在领域模型模式下，业务逻辑围绕领域模型设计。比如，收入确认是与合同强相关的，是合同对象的一个职责，那么合同对象就应该提供一个 calculate-Recognition 方法计算收入。

领域模型中的对象和事务脚本中的对象有很大的不同。事务脚本中也有合同 Contract 这个对象，但是这个 Contract 只包含合同的数据信息，不包含与合同有关的计算逻辑，计算逻辑在 Service 类里。而领域模型的对象则包含了对象的数据和计算逻辑，如合同对象。既包含了合同数据，也包含了合同相关的计算。因此从面向对象的角度看，领域模型才是真正的面向对象。用领域模型设计上面的合同收入确认，如图 20-2 所示。

计算收入的请求直接提交给合同对象 contract，这个时候就无须传递合同 ID，因为请求的合同对象就是这个 ID 的对象。合同对象聚合了一个产品对象 product，并调用这个 product 的 calculateRecognition 方法，把合同对象传递过去。不同产品关联不同的收入确认策略 recognitionStrategy，调用 recognitionStrategy 的 calculateRecognition，完成收入对象 revenueRecognition 的创建，也就完成了收入计算。

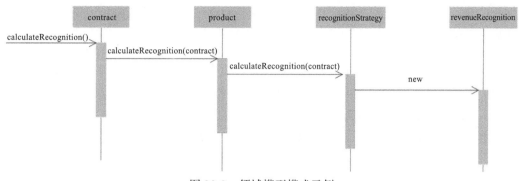

图 20-2 领域模型模式示例

这里 contract 和 product 都是领域模型对象，领域模型是合并了行为和数据的领域的对象模型。通过领域模型对象的交互完成业务逻辑的实现，也就是说，设计好了领域模型对象也就设计好了业务逻辑实现。与事务脚本被称作贫血模型相对应的，领域模型被称为充血模型。

对于复杂的业务逻辑实现来说，使用领域模型模式更有优势，特别是在持续的需求变更和业务迭代过程中，把握好领域模型对业务逻辑本身也会有更清晰的认识。使用领域模型增加新的产品类型时，就不需要修改现有的代码，只需要扩展新的产品类和收入策略类就可以了。

在需求变更过程中，如果一个需求既与领域模型有冲突，又与模型的定义以及模型间的交互逻辑不一致，那么很有可能这个需求本身就是伪需求。很多看似合理的需求其实与业务的内在逻辑是有冲突的，这样的需求也不会带来业务的价值，通过对领域模型的分析，可以识别出这样的伪需求，使系统更好地保持一致性，也可以使开发资源投入到更有价值的地方。

20.2 领域驱动设计

前面我们讲到领域模型模式，那么如何用领域模型模式设计一个完整而复杂的系统呢？有没有完整的方法和过程指导整个系统的设计？领域驱动设计，即 DDD，就是用来解决这一问题的。

领域是一个组织所做的事情及其包含的一切。通俗地说，领域就是组织的业务范围和做事方式，也是软件开发的目标范围。比如，对于淘宝这样一个以电子商务为主要业务的组织，C2C 电子商务就是它的领域。领域驱动设计就是从领域出发，分析领域内模型及其关系，进而设计软件系统的方法。

但是如果说要对 C2C 电子商务这个领域进行建模设计，这个范围就太大了，不知道该如何下手。所以通常的做法是把整个领域拆分成多个子域，比如用户、商品、订单、库存、物流、发票等。强相关的多个子域组成一个限界上下文。限界上下文是对业务领域范围的描述，对于系统实现而言，相当于一个子系统或者一个模块。限界上下文和子域共同组成组织的领域，如图 20-3 所示。

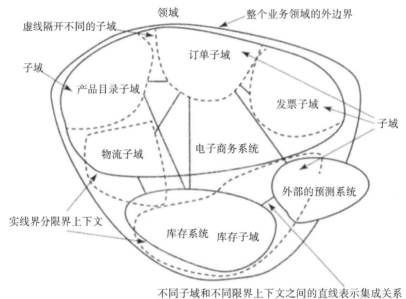

图 20-3　子域与限界上下文示例⊖

不同的限界上下文也就是不同的子系统或者模块之间，会有各种交互合作。如何设计这些交互合作呢？ DDD 使用了上下文映射图来完成，如图 20-4 所示。

在 DDD 中，领域模型对象也被称为实体，每个实体都是唯一的，具有唯一标识。一个订单对象是一个实体，一个产品对象也是一个实体，订单 ID 或者产品 ID 是它们的唯一标识。实体可能会发生变化，比如订单的状态会变化，但是它们的唯一标识不会变化。

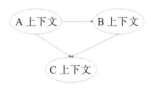

图 20-4　上下文映射图示例

⊖　此图源自《实现领域驱动设计》一书。

实体设计是 DDD 的核心所在。首先通过业务分析，识别出实体对象，然后再通过相关的业务逻辑设计实体的属性和方法。这里最重要的是要把握住实体的特征、实体应该承担的职责以及不应该承担的职责，分析的时候要放在业务场景和限界上下文中，而不是想当然地认为这样的实体就应该承担这样的角色。

事实上，并不是领域内的对象都应该被设计为实体，DDD 推荐尽可能将对象设计为值对象。比如住址这样的对象就是典型的值对象，建在住址上的房子可以被当作一个实体，但是住址仅仅是对房子的一个描述。像这样只是用来做度量或描述的对象应该被设计为值对象。

值对象的一个特点是不变性，一个值对象创建以后就不能再改变了。如果地址改变了，那就是一个新地址，而一个订单实体则可能会经历创建、待支付、已支付、待发货、已发货、待签收、待评价等各种变化。

领域实体和限界上下文包含了业务的主要逻辑，但是最终如何构建一个系统？如何将领域实体对外暴露，开发出一个完整的系统呢？事实上，DDD 支持各种架构方案，典型的分层架构如图 20-5 所示。

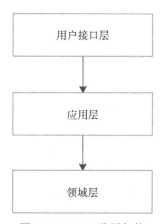

图 20-5　DDD 分层架构

领域实体被放置在领域层，通过应用层对领域实体进行包装，最终提供一组访问接口，通过接口层对外开放。

六边形架构是 DDD 中比较知名的一种架构方式。领域模型通过应用程序封装成一个相对比较独立的模块，而不同的外部系统则通过不同的适配器与领域模型交互。比如，可以通过 HTTP 接口访问领域模型，也可以通过 Web Service 或者消息队列访问领域模型，只需要为这些不同的访问接口提供不同的适配器就可以了，如图 20-6 所示。

领域驱动设计的技术体系内还有其他一些方法和概念，但是最核心的还是领域模型本身，通过领域实体及其交互完成业务逻辑处理才是 DDD 的核心目标。至于是不是用了 CQRS、是不是事件驱动、有没有事件溯源，并不是 DDD 的核心。

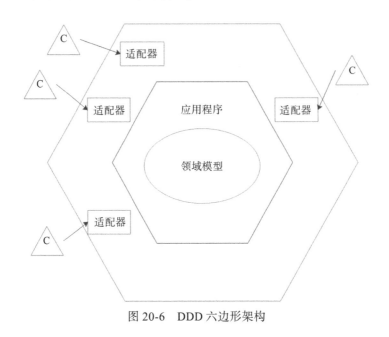

图 20-6   DDD 六边形架构

20.3   小结

回到本章的标题：一个 35 岁的程序员应该写什么样的代码？如果一个工作 10 多年的程序员写出的 CRUD 代码还同刚入职的时候一样，那他迟早会遭遇自己的职业危机。公司必然愿意用更年轻、更努力、更低薪水的程序员来代替他。至于学习新技术的能力，其实多年工作经验也并没有太多帮助，有时候也许还是劣势。

在我看来，35 岁的程序员真正有优势的是他在一个业务领域的多年积淀，对业务领域有更深刻的理解和认知。

那么，如何将这些业务沉淀和理解既反映到工作中，又能体现在代码中呢？也许可以尝试探索领域驱动设计。如果一个人有多年的领域经验，必然对领域模型设计有更深刻的认识，可把握好领域模型在不断的需求变更中的演进，使系统维持更强的活力，并因此体现自己真正的价值。

| 第三部分 |

架构师的架构方法修炼

第 21 章

分布式架构
如何应对高并发的用户请求

互联网应用以及云计算的普及，使得架构设计和软件技术的关注点从如何实现复杂的业务逻辑，转变为如何满足大量用户的高并发访问请求。

简单的计算处理过程一旦面对大量的用户访问，技术挑战就会变得完全不同，软件开发方法、技术团队组织、软件的过程管理也会完全不同。

以新浪微博为例，新浪微博最开始只有两位工程师：一个前端，一个后端。两个人一个星期就把新浪微博开发出来了。现在许多年过去了，新浪微博的技术团队有上千人。这些人要应对的技术挑战，一方面来自更多、更复杂的功能，另一方面来自随着用户量的增长而带来的高并发访问压力。

这种挑战和压力对所有的大型互联网系统几乎都是一样的。淘宝、百度、微信等，虽然功能各不相同，但都会面对同样的高并发用户的访问请求压力。要知道，同样的功能供几个人使用和供几亿人使用，其技术架构是完全不同的。

当同时访问系统的用户不断增加时，需要消耗的系统计算资源也不断增加，从而需要更多的 CPU 和内存来处理用户的计算请求，还需要更多的网络带宽来传输用户的数据，以及更多的磁盘空间以存储用户的数据。当消耗的资源超过了服务器资源的极限时，服务器就会崩溃，导致整个系统无法正常使用。

那么，如何解决高并发的用户请求带来的问题呢？

21.1 垂直伸缩与水平伸缩

为了应对高并发用户访问带来的系统资源消耗，一种解决办法是利用垂直伸缩。所谓的垂直伸缩就是提升单台服务器的处理能力，比如用更快频率以及更多核的 CPU、更大的内存、更快的网卡、更多的磁盘组成一台服务器，使单台服务器的处理能力得到提升。通过这种方法可以提升系统的处理能力。

在大型互联网出现之前，传统行业比如银行、电信这些企业的软件系统，主要使用垂直伸缩这种方法来实现系统能力的提升。当业务增长、用户增多、服务器计算能力无法满足要求的时候，就会使用更强大的计算机，比如更换更快的 CPU 和网卡、更大的内存和磁盘，从服务器升级到小型机，从小型机提升到中型机，从中型机提升到大型机，服务器越来越强大，处理能力也越来越强大，当然价格越来越昂贵，运维也越来越复杂。

垂直伸缩带来的价格成本与服务器的处理能力并不一定呈线性关系，也就是说，增加同样的费用并不能得到同样的计算能力。而且计算能力越强大，需要花费的钱就越多。同时，受计算机硬件水平的制约，单台服务器的计算能力并不能无限增加，而互联网，特别是物联网的计算要求几乎是无限的。因此，在互联网以及物联网领域，并不使用垂直伸缩这种方案，而是使用水平伸缩。

所谓水平伸缩，指的是不去提升单机的处理能力，不使用更昂贵、更快、更强大的硬件，而是使用更多的服务器，将这些服务器构成一个分布式集群，通过这个集群，对外统一提供服务，以此来提高系统整体的处理能力。

但是，要想让更多的服务器构成一个整体，就需要在架构上进行设计，让这些服务器成为整体系统的一部分，将这些服务器有效地组织起来，统一提升系统的处理能力，这就是互联网应用和云计算中普遍采用的分布式架构方案。

21.2 互联网分布式架构演化

分布式架构是互联网企业在业务快速发展过程中逐渐发展起来的一种技术架构，包括一系列分布式技术方案：分布式缓存、负载均衡、反向代理与 CDN、分布式消息队列、分布式数据库、NoSQL 数据库、分布式文件、搜索引擎、微服务等，还有将这些分布式技术整合起来的分布式架构方案。

这些分布式技术和架构方案是互联网应用随着用户的不断增长，为了满足高并发用户访问不断增长的计算和存储需求，逐渐演化出来的。可以说，几乎所有这些技术都是由应用需求直接驱动产生的。

下面我们通过一个典型的互联网应用的发展历史，来看互联网系统是如何一步一步逐渐演化出各种分布式技术，并构成一个复杂庞大的分布式系统的。

最早的时候，系统用户量比较少，可能只有几个用户。一个应用访问自己服务器上的数据库，访问自己服务器的文件系统，构成一个单机系统，这个系统就可以满足少量用户使用了，如图 21-1 所示。

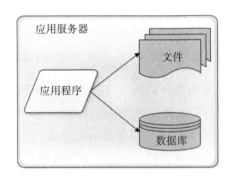

图 21-1　单机部署的应用系统

如果这个系统被证明在业务上是可行的、有价值的，用户量就会快速增长。像新浪微博引入了一些明星大 V 开通微博，于是迅速吸引了这些明星们的大批粉丝前来关注。这个时候服务器就不能承受访问压力了，需要进行第一次升级，数据库与应用分离，如图 21-2 所示。

单机的时候，数据库和应用程序是部署在一起的。进行第一次分离时，应用程序、数据库、文件系统分别部署在不同的服务器上，从一台服务器变成了三台服务器，相应的处理能力就提升了三倍。

这种分离几乎是不需要花费技术成本的，只需要把数据库、文件系统进行远程部署，进行远程访问就可以了。

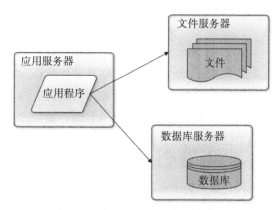

图 21-2　数据与应用程序分离部署

　　而随着用户的进一步增加，更多的粉丝加入微博，三台服务器也不能承受这样的压力了，这时就需要使用缓存来改善性能，如图 21-3 所示。

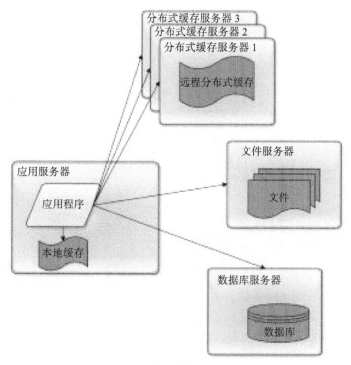

图 21-3　使用缓存的系统架构

　　将应用程序需要读取的数据存储在缓存中，通过缓存读取数据，而不是通过数据库读取。缓存主要有分布式缓存和本地缓存两种。分布式缓存将多台服务器共同构成一个集群，存储更多的缓存数据，共同对应用程序提供缓存服务，提供更强大的缓存能力。

通过使用缓存，一方面，应用程序不需要访问数据库，因为数据库的数据是存放在磁盘上的，访问数据库需要花费更多的时间，而缓存中的数据只是存储在内存中，访问时间更短；另一方面，数据库中的数据是以原始数据的形式存在的，而缓存中的数据通常以结果形式存在。比如说，已经构建成某个对象，缓存的就是这个对象，不需要进行对象的计算，这样就减少了计算的时间，同时也减小了 CPU 的压力。最重要的是，应用通过访问缓存降低了对数据库的访问压力，而数据库通常是整个系统的瓶颈所在。降低了数据库的访问压力，就是改善了整个系统的处理能力。

随着用户的进一步增加，应用服务器又可能会成为瓶颈。因其会应对大量的并发用户的访问，这时就需要对应用服务器进行升级。可通过负载均衡服务器将应用服务器部署为一个集群，添加更多的应用服务器去处理用户的访问，如图 21-4 所示。

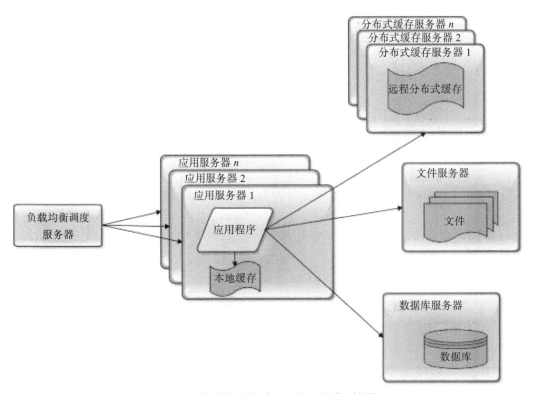

图 21-4　负载均衡构建应用服务器集群架构

在微博上，用户的主要操作是读（刷）微博。如果只是明星发微博，粉丝们读微博，那么对数据库的访问压力并不大，因为可以通过缓存提供微博数据。但事实上，粉丝也要发微博，发微博就是写数据，这样数据库会再一次成为整个系统的瓶颈点，单一的数据库并不能承受这么大的访问压力。

这时候的解决办法就是数据库的读写分离。将一个数据库通过数据复制的方式分裂为两个数据库。主数据库主要负责数据的写操作，所有的写操作都复制到从数据库上，保证从数据库的数据与主数据库数据一致，而从数据库主要提供数据的读操作，如图 21-5 所示。

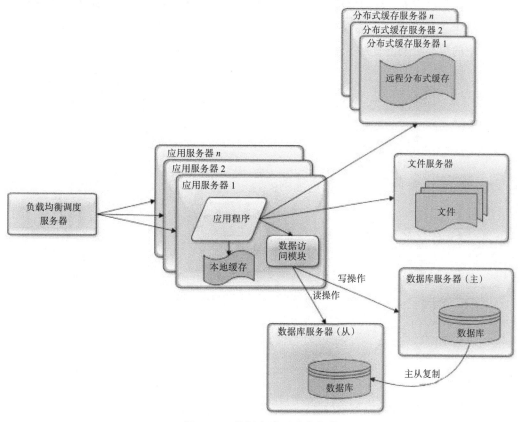

图 21-5　数据库读写分离架构

通过这样一种方法，将一台数据库服务器水平伸缩成两台数据库服务器，可以提供更强大的数据处理能力。

对于大多数互联网应用而言，这样的分布式架构就可以满足用户的并发访问要求了。但是对于如新浪微博这样的大规模互联网应用来说，还需要解决海量数据的存储与查询，以及由此产生的网络带宽压力以及访问延迟等问题。此外，随着业务的不断复杂化，如何实现系统的低耦合与模块化开发、部署也成为重要的技术挑战。

海量数据的存储主要通过分布式数据库、分布式文件系统、NoSQL 数据库解决。直接在数据库上查询已经无法满足这些数据的查询性能要求，还需要部署独立的搜索引擎来提供查询服务。同时还需要减小数据中心的网络带宽压力，提供更好的用户访问延时，这时会使用 CDN 和反向代理提供前置缓存，尽快返回静态文件资源给用户。

为了使各个子系统更灵活且更易于扩展，可以使用分布式消息队列将相关子系统解耦，通过消息的发布 / 订阅完成子系统间的协作。使用微服务架构将逻辑上独立的模块在物理上也独立部署，单独维护，应用系统通过组合多个微服务完成自己的业务逻辑，实现模块的更高级别的复用，从而更快速地开发系统和维护系统，如图 21-6 所示。

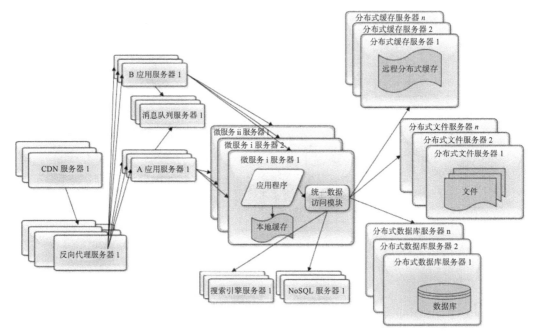

图 21-6　使用了 CDN、反向代理、消息队列、NoSQL、分布式数据库、微服务的架构

微服务、消息队列、NoSQL 等这些分布式技术在出现早期有使用门槛，所以只在相对大规模的互联网系统中使用。但是这些年，随着技术的不断成熟，特别是云计算的普及，使用门槛逐渐降低，许多中小规模的系统也已经普遍使用这些分布式技术架构来设计自己的互联网系统了。

21.3　小结

随着互联网的普及，更多的企业采用面向互联网的方式开展自己的业务。对于传统的 IT 系统，用户量是有限而确定的，超市系统的用户主要是超市的收银员，银行系统的用户主要是银行的柜员。但是超市、银行这些企业如果使用互联网开展自己的业务，应用系统的用户量可能会成千上万倍增加。

海量用户访问企业的后端系统，就会产生高并发的访问压力，需要消耗巨大的计算资源。如何增加计算资源以应对高并发的用户访问压力，正是互联网架构技术的核心驱动力。

互联网应用因为要处理大规模、高并发的用户访问，所以需要消耗巨大的计算资源。因此需要采用分布式技术，用很多台服务器构成一个分布式系统，共同提供计算服务，完成高并发的用户请求处理。

除了高并发的挑战之外，互联网应用还有着高可用的要求。传统的企业 IT 系统是给企业内部员工开发的。即使服务外部用户，只要企业员工下班了，系统就可以停机了。银行的柜员会下班，超市的收银员会下班，员工下班了，系统就可以停机维护，升级软件，更换硬件。

但是互联网应用要求 7×24 小时可用，永不停机，即使在软件系统升级的时候，系统也要对外提供服务。而且一般用户对互联网高可用的期望又特别高，假如支付宝几个小时不能使用，即便是深夜，也可能引起很大的恐慌。

而一个由数十万台服务器组成、为数亿用户提供服务的互联网系统，造成停机的可能性非常大，所以需要在架构设计时，专门重点考虑系统的高可用。

除了高并发的用户访问量大，互联网应用需要存储的数据量也非常大。淘宝有近十亿用户、近百亿商品，存储这些海量数据也是传统 IT 企业不会面对的技术挑战。

有了海量的数据，如何在这些数据中快速进行查找，还需要用到搜索引擎技术。要想更好地利用这些数据，挖掘数据中的价值，使系统具有智能化的特性，目前主要利用大数据技术来实现。

传统企业的 IT 系统部署在企业的局域网中，接入的都是企业内部电脑，因此网络和安全环境比较简单。而互联网应用需要对全世界提供服务，任何人在任何地方都可以访问，当有人以恶意方式访问系统的时候，就会带来安全性问题。

安全性包含两个方面：一个是恶意用户以我们不期望的方式访问系统，比如恶意攻击系统，或者通过不当方式获利；另一个是数据泄密，用户密码、银行卡号这些信息如果被泄露，则会对用户和企业造成巨大的经济损失。

传统的 IT 系统一旦部署上线，后面只会做一些小的 Bug 修复或者特定的改动，不会持续对系统进行大规模开发。而互联网系统部署上线仅仅意味着开始进行一个新业务的打样，随着业务的不断探索以及竞争对手的持续压力，系统需要持续不断地进行迭代更新。

如何使新功能的开发更加快速，使功能间的耦合更少？系统架构方面可以选择事件驱动架构以及微服务架构。

以上提到的这些技术架构，将会在本书后续章节继续讨论。

现在已经进入泛互联网时代，也就是说，不是只有互联网企业才能通过互联网为用户提供服务，各种传统行业、所有为普通用户提供服务的企业都已经转向互联网了。可以说互联网重构了这个时代的商业模式，而以分布式技术为代表的互联网技术，也必然重构软件开发与架构设计的技术模式。

第 22 章

缓存架构
减少不必要的计算

互联网应用的主要挑战就是在高并发情况下，大量的用户请求到达应用系统服务器，造成了巨大的计算压力。互联网应用的核心解决思路就是采用分布式架构，提供更多的服务器，从而提供更多的计算资源，以应对高并发带来的计算压力及资源消耗。

那么，有没有办法减少到达服务器的并发请求压力呢？或者请求到达服务器后，有没有办法减少不必要的计算，降低服务器的计算资源消耗，尽快返回计算结果给用户呢？

有，解决的核心就是缓存。

所谓缓存，就是将需要多次读取的数据暂存起来，后面应用程序需要多次读取时，就不必从数据源重复加载数据了，这样就可以降低数据源的计算负载压力，从而提高数据的响应速度。

一般说来，缓存可以分成两种：通读缓存和旁路缓存。

对于通读（read-through）缓存，应用程序访问其获取数据时，如果有应用程序需要的数据，就返回这个数据；如果没有，通读缓存则自己负责访问数据源，从数据源获取数据返回给应用程序，并将这个数据缓存在自己的缓存中。这样，下次应用程序需要数据时，就可以通过通读缓存直接获得数据了。

通读缓存在架构中的位置与作用如图 22-1 所示。

图 22-1　通读缓存在系统架构中的位置

对于旁路（cache-aside）缓存，应用程序访问旁路缓存获取数据时，如果旁路缓存中有应用程序需要的数据，就返回这个数据；如果没有，则返回空（null）。应用程序需要自己从数据源读取数据，然后将这个数据写入旁路缓存中。这样，下次应用程序需要数据的时候，就可以通过旁路缓存直接获得数据了。

旁路缓存在架构中位置与作用如图 22-2 所示。

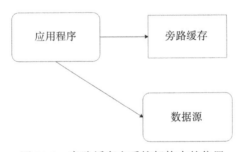

图 22-2　旁路缓存在系统架构中的位置

22.1　通读缓存

互联网应用中主要使用的通读缓存是 CDN 和反向代理缓存。

CDN（Content Delivery Network）即内容分发网络。我们上网的时候，App 或者浏览器想要连接到互联网应用的服务器需要建立网络连接，移动、电信这样的服务商为我们提供了网络服务。

网络服务商通过在全国范围内部署骨干网络、交换机机房来完成网络连接服务。这些交换机机房可能会离用户非常近，那么互联网应用能不能在这些交换机机房中部署缓存服务器呢？这样用户就可以近距离获得自己需要的数据，既提高了响应速度，又节约了网络带宽和服务器资源。

答案是当然可以。这个部署在网络服务商机房中的缓存就是 CDN，因为距离用户非常近，又被称作网络连接的第一跳。目前，很多互联网应用 80% 以上的网络流量都是通过 CDN 返回的，如图 22-3 所示。

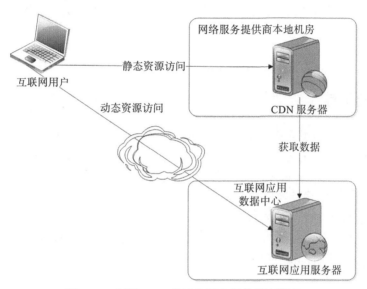

图 22-3　利用 CDN 就近为用户提供缓存服务

CDN 只能缓存静态数据内容，如图片、CSS、JS、HTML 等内容。而动态的内容，如订单查询、商品搜索结果等，必须经过应用服务器计算处理后才能获得。因此，互联网应用的静态内容和动态内容需要进行分离，也就是说要将它们部署在不同的服务器集群上，且使用不同的二级域名，即所谓的动静分离。这样一方面便于运维管理，另一方面也便于 CDN 进行缓存（CDN 只缓存静态内容）。

反向代理缓存也是一种通读缓存。有时我们上网需要通过代理实现，这里的代理指的是代理客户端上网设备。而反向代理则指的是代理服务器，它是应用程序服务器的门户，所有的网络请求都需要通过反向代理才能到达应用程序服务器。既然所有的请求都需要通过反向代理才能到达应用服务器，那我们就在这里加一个缓存，尽快将数据返回给用户，而不是发送给应用服务器，这就是反向代理缓存，如图 22-4 所示。

图 22-4　反向代理缓存加速服务器响应速度

用户请求到达反向代理缓存服务器时，反向代理检查本地是否有需要的数据，如果有就直接返回；如果没有，就请求应用服务器，在得到需要的数据后缓存在本地，然后再返回给用户。

22.2　旁路缓存

CDN 和反向代理缓存通常会作为系统架构的一部分，很多时候对应用程序是透明的，而应用程序在代码中主要使用的是对象缓存，对象缓存则是一种旁路缓存。

不管是通读缓存还是旁路缓存，通常都是以 <key,value> 的方式存储的。比如，在 CDN 和反向代理缓存中，如果每个 URL 均是一个 key，那么 URL 对应的文件内容就是 value。而在对象缓存中，key 通常是一个 ID，如用户 ID、商品 ID 等；value 则是一个对象，就是 ID 对应的用户对象或者商品对象。

对于 <key,value> 的数据格式，前面在数据结构相关内容中讨论过，比较快速的存取方式是使用 Hash 表。因此通读缓存和旁路缓存在实现上大多数用的是 Hash 表。

程序中使用的对象缓存可以分成两种：一种是本地缓存，另一种是分布式缓存。缓存和应用程序在同一个进程中启动，使用程序的堆空间存放缓存数据。本地缓存的响应速度快，但是缓存可以使用的内存空间相对比较小，对于大型互联网应用来说，需要缓存的数据通以 TB 计，这时候就要使用远程的分布式缓存了。

分布式缓存是指将一组服务器构成一个缓存集群，共同对外提供缓存服务，那么应用程序在每次读写缓存时，如何知道要访问的是缓存集群中的哪台服务器呢？下面以 Memcached 为例，看看分布式缓存的架构，如图 22-5 所示。

Memcached 将多台服务器构成一个缓存集群，缓存数据存储在每台服务器的内存中。事实上，使用缓存的应用程序服务器通常也是以集群方式部署的，每个程序需要依赖一个 Memcached 的客户端 SDK，通过 SDK 的 API 访问 Memcached 的服务器。

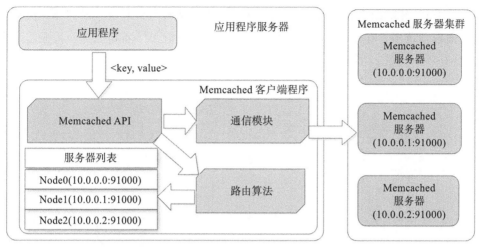

图 22-5　Memcached 分布式对象缓存架构

应用程序调用 API，API 调用 SDK 的路由算法，路由算法根据缓存的 key 值计算这个 key 应该访问哪台 Memcached 服务器，计算得到服务器的 IP 地址和端口号后，API 再调用 SDK 的通信模块，将 <key,value> 值以及缓存操作命令发送给相应的 Memcached 服务器，由这台服务器完成缓存操作。

那么，路由算法又是如何计算得到 Memcached 的服务器 IP 地址和端口的呢？比较简单的一种方法和 Hash 算法一样，即利用 key 的 Hash 值对服务器列表长度取模，根据余数就可以确定服务器列表的下标，进而得到服务器的 IP 地址和端口。

比如说，缓存服务器集群中有三台服务器，根据 Key 的 Hash 值对 3 取模得到的余数一定在 0、1、2 三个数字之间，每一个数字都对应着一台服务器，根据这个数字查找对应的服务器 IP 地址就可以了。

使用余数取模这种方式进行路由计算非常简单，但这种算法有一个问题，就是当服务器扩容的时候，会出现缓存无法命中的情况。比如说，当前的服务器集群有三台服务器，当增加一台服务器时，对 3 取模就会变成对 4 取模，后果就是以前对 3 取模时写入的缓存数据对 4 取模的时候可能就查找不到了。

添加服务器的主要目的是提高缓存集群的处理能力，但是不正确的路由算法可能会导致整个集群都失效，大部分缓存数据都查找不到。

解决这个问题的主要手段是使用一致性 Hash 算法。使用一致性 Hash 首先要构建一个一致性 Hash 环的结构。一致性 Hash 环的大小是 0 到 2^{32-1}，它也是我们计算机中无符号整型的取值范围，在这个取值范围中，0 和最后一个值 2^{32-1} 首尾相连，构成了一个一致性 Hash 环，如图 22-6 所示。

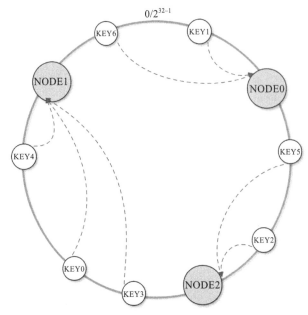

图 22-6　一致性 Hash 算法示意图

然后将每个服务器节点的 Hash 值放到环上，每一次进行服务器查找路由的计算时，都会根据 Key 的 Hash 值顺时针查找距离它最近的服务器的节点。通过这种方式，Key 不变的情况下找到的总是相同的服务器。这种一致性 Hash 算法除了可以实现像余数 Hash 一样的路由效果以外，对服务器集群扩容的效果也非常好。

扩容的时候，只需要将新节点的 Hash 值放到环上。比如，图中的 NODE3 放入环上以后，只影响到了 NODE1 节点，原来需要到 NODE1 上查找的一部分数据改为到 NODE3 上查找，其余大部分数据还能正常访问，如图 22-7 所示。

但是一致性 Hash 算法有一个致命的缺陷，就是 Hash 值是一个随机值，把一个随机值放到环上以后，可能是不均衡的。也就是说，某两个服务器节点在环上的距离可能很近，而和其他的服务器距离很远，这就会导致有些服务器的负载压力特别大，有些服务器的负载压力非常小。而且在进行扩容的时候，比如加入一个 NODE3，影响的只是 NODE1，而实际上加入一个服务器节点的时候，是希望它能够分摊其他所有服务器的一部分负载压力。

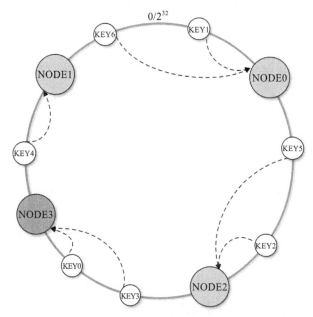

图 22-7　一致性 Hash 算法节点扩容示意图

实践中，我们会使用虚拟节点对算法进行改进。当把一个服务器节点放到一致性 Hash 环上时，并不是把真实的服务器的 Hash 值放到环上，而是将一个服务器节点虚拟成若干个虚拟节点，然后把这些虚拟节点的 Hash 值放到环上去。在实践中，通常是把一个服务器节点虚拟成 150 个虚拟节点，然后把 150 个虚拟节点放到环上。Key 依然是顺时针查找距离它最近的虚拟节点，找到虚拟节点以后，再根据映射关系找到真正的物理节点。

通过使用虚拟节点的方式，物理节点之间的负载压力相对比较均衡。加入新节点的时候，实际上是加入了 150 个虚拟节点，这些虚拟节点随机落在环上，会对当前环上的每个节点都有影响，原来的每个节点都会有一小部分的数据访问落到新节点上。这样，既保证大部分缓存能够命中，保持缓存服务的有效性，又分摊了所有缓存服务器的负载压力，达到了集群处理能力动态伸缩的目的。

22.3　缓存注意事项

使用缓存可以减少不必要的计算，能够带来以下三个方面的好处：

1）缓存的数据通常存储在内存中，距离使用数据的应用更近一点，相比从硬盘或远程网络上获取数据，它的速度更快，响应时间更短，性能表现更好。

2）缓存的数据通常是计算结果数据。比如，对象缓存中，通常存放的是经过计算加工的结果对象，如果缓存不命中，就需要从数据库中获取原始数据，然后进行计算加工才能得到结果对象，因此使用缓存可以减少 CPU 的计算消耗，节省计算资源，同样也加快了处理的速度。

3）通过对象缓存获取数据可以降低数据库的负载压力；通过 CDN、反向代理等通读缓存获取数据，可以降低服务器的负载压力。这些被释放出来的计算资源可以提供给其他更有需要的计算场景，比如写数据的场景，从而间接提高整个系统的处理能力。

但是缓存也不是万能的，如果缓存使用得不恰当，也可能带来问题。

首先就是数据脏读的问题，缓存的数据来自数据源，如果数据源中的数据被修改了，那么缓存中的数据就变成脏数据了。

主要解决办法有两个：一个是过期失效。每次写入缓存中的数据都标记其失效时间，在读取缓存时，先检查数据是否已经过期失效，如果失效，就重新从数据源获取数据。缓存失效依然可能在未失效时间内读到脏数据，但是一般的应用都可以容忍较短时间的数据不一致，比如淘宝卖家更新了商品信息，几分钟之内数据没有更新到缓存，买家看到的还是旧数据，这种情况通常是可以接受的，这时就可以设置缓存失效时间为几分钟。

另一个办法就是失效通知。应用程序在更新数据源的数据的同时发送通知，将该数据从缓存中清除。失效通知看起来更新更及时，但是实践中更多使用的还是过期失效。

此外，并不是所有数据使用缓存都有意义。在互联网应用中，大多数的数据访问都是有热点的，比如热门微博会被更多阅读、热门商品会被更多浏览。那么，将这些热门的数据保存在缓存中是有意义的，因为缓存通常使用的是内存，因此存储空间有限，只能存储有限的数据，热门数据存储在缓存中，可以被更多次地读取，缓存效率也比较高。

相反，如果缓存的数据没有热点，写入缓存的数据很难被重复读取，那么使用缓存就没有太大必要了。

22.4　小结

缓存是优化软件性能的杀手锏，任何需要查询数据、请求数据的场合都可以考虑使用缓存。缓存几乎无处不在，程序代码中可以使用缓存，网络架构中也可以使用缓存，CPU、操作系统、虚拟机同样大量使用缓存。事实上，缓存最早就是在 CPU 中使用的。对于一个典型的互联网应用而言，使用缓存可以解决绝大部分的性能问题。如果需要优化软件性能，建议优先考虑哪里使用缓存可以改善性能。

除了文中提到的系统架构缓存外，客户端也可以使用缓存，在 App 或者浏览器中缓存数据，甚至都不需要消耗网络带宽资源，也不会消耗 CDN、反向代理的内存资源，更不会消耗服务器的计算资源。

第 23 章

异步架构
避免互相依赖的系统间耦合

上一章已讨论过，使用缓存架构可以减少不必要的计算，快速响应用户请求。但是缓存只能改善系统的读操作性能，也就是在读取数据时可以不从数据源中读取，而是通过缓存读取，以加快数据读取速度。

但是对于写操作，缓存是无能为力的。虽然缓存的写入速度也很快，但是通常情况下是不能把用户提交的数据直接写入缓存的，因为缓存通常被认为是一种不可靠的存储方式。缓存通常无法保证数据的持久性和一致性等数据存储的基本要求，因此数据还是需要写入 RDBMS 或者 NoSQL 数据库中，但是数据库操作通常都比较慢。那么，如何提高系统写操作的性能呢？

此外，两个应用系统之间需要远程传递数据，常规的做法就是直接进行远程调用，用 HTTP 或者其他 RMI 方式实现。但是这种方式其实是把两个应用耦合起来了，如果被调用的应用产生了故障或者升级，就可能引起调用者故障，或者也不得不升级。这种系统间的耦合情况又该如何避免呢？

解决以上问题的主要方法就是使用消息队列的异步架构，有时也称为事件驱动架构。

23.1 使用消息队列实现异步架构

消息队列实现异步架构是目前互联网应用系统中一种典型的架构模式。异步架构和同步架构是相对应的。当应用程序调用服务时,当前程序需要阻塞等待服务完成,在返回服务结果后才能继续向下执行,这就是同步架构,如图 23-1 所示。

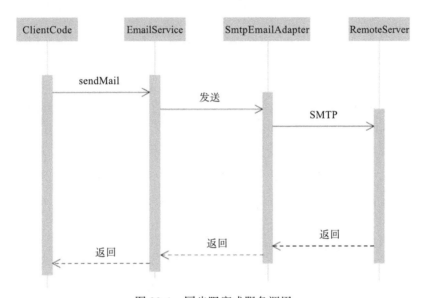

图 23-1 同步阻塞式服务调用

应用程序代码 ClientCode 需要发送邮件,调用接口服务 EmailService,实现了 EmailService 接口的 SmtpEmailAdapter 通过 SMTP 协议与远程服务器通信。远程邮件服务器可能有很多邮件在等待发送,当前邮件可能要等待较长时间才能发送成功,发送成功后再通过远程通信返回结果给应用程序。

在这个过程中,当远程服务器发送邮件时,应用程序必须阻塞等待,准确地说是执行应用程序代码的线程被阻塞。这种阻塞,一方面导致线程不能释放被占用的系统资源,从而致使系统资源不足,影响系统性能。另一方面,也导致程序无法快速给用户返回响应结果,用户体验较差。此外,如果远程服务器出现异常,这个异常就会传递给应用程序 ClientCode,如果应用程序没有妥善处理好这个异常,则会导致整个请求处理失败。

事实上,在大部分应用场景下,发送邮件是不需要得到发送结果的。比如,用户注册时,发送账号激活邮件,无论邮件是否发送成功,都可以给用户返回"激活邮件已经发送,请查收邮件确认激活"。如果发送失败,只需要提示用户"点击重新发送",再次发送邮件即可。

那么，如何使应用程序不阻塞等待呢？解决方案就是使用消息队列实现异步架构，如图 23-2 所示。

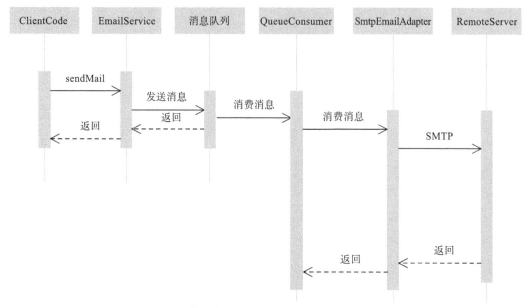

图 23-2　使用消息队列实现异步无阻塞服务调用

应用程序 ClientCode 调用 EmailService 的时候，EmailService 会将调用请求封装成一个邮件，在发送给消息队列后再直接返回。应用程序收到返回结果以后就继续执行，快速完成用户响应，释放系统资源。

而发送给消息队列的邮件发送消息，则会被一个专门的消息队列消费者程序 QueueConsumer 消费掉，这个消费者通过 SmtpEmailAdapter 调用远程服务器，完成邮件发送。如果远程服务处理异常，这个异常只会传递给消费者程序 QueueConsumer，而不会影响到应用程序。

典型的消息队列异步架构如图 23-3 所示。

图 23-3　消息队列的异步架构

消息队列异步架构的主要角色包括消息生产者、消息队列和消息消费者。消息生产者通常就是主应用程序，生产者将调用请求封装成消息发送给消息队列。此外还需要开发一个专门的消息消费者程序，用来从消息队列中获取、消费消息。消息消费者完成业务逻辑处理。

消息队列的职责就是缓冲消息，等待消费者消费。根据消息消费的方式，消息消费又分为点对点模式和发布订阅模式两种。

在点对点模式中，多个消息生产者向消息队列发送消息，多个消息消费者消费消息，每个消息只会被一个消息消费者消费，如图 23-4 所示。

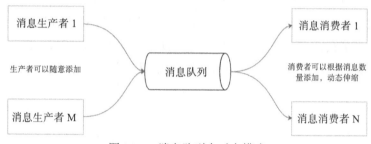

图 23-4　消息队列点对点模式

上面所举示例中发送邮件的场景就是一个典型的点对点模式场景。任何需要发送邮件的应用程序都可以作为消息生产者向消息队列发送邮件消息。通过 SMTP 协议调用远程服务发送邮件的消息消费者程序可以部署在多台服务器上，但是对于任何一个消息，只会发送给其中的一个消费者服务器。这些服务器可以根据消息的数量动态伸缩，保证邮件能及时发送。如果某台消费者服务器宕机，既不会影响其他消费者处理消息发送邮件，也不会影响生产者程序的正常运行。

在发布订阅模式中，开发者可以在消息队列中设置主题，消息生产者的消息按照主题进行发送，多个消息消费者可以订阅同一个主题，每个消费者都可以在收到这个主题的消息复制后，按照自己的业务逻辑分别进行计算，如图 23-5 所示。

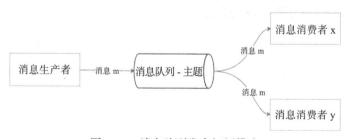

图 23-5　消息队列发布订阅模式

消息生产者向消息队列某个主题发布消息，如果有多个消息消费者订阅该主题，就会分别收到这个消息。消息队列发布订阅模式的典型场景就是新用户注册。新用户注册的时候，一方面需要发送激活邮件，另一方面可能还需要发送欢迎短信，还可能需要将用户信息同步给关联产品，当然还需要将用户信息保存到数据库中。

这种场景也可以使用点对点模式，由应用程序也就是消息生产者构造发送邮件的消息，并将其发送到邮件消息队列；此外，构造短信的消息、构造新用户的消息、构造数据库的消息也会分别发送到相关的消息队列里，然后由对应的消息消费者程序分别获取消息并进行处理。

但更好的处理方式是使用发布订阅模式。在消息队列中创建"新用户注册"主题，应用程序只需要发布包含新用户注册数据的消息到该主题中，相关消费者再订阅该主题即可。不同的消费者在订阅该主题后，会得到新用户注册消息，然后根据自己的业务逻辑从消息中获取相关的数据并进行处理。这种架构方式也称为事件驱动架构，如图 23-6 所示。

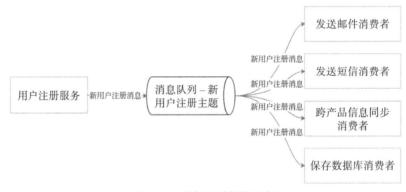

图 23-6　事件驱动架构示例

使用事件驱动架构时，一个主题是可以被重复订阅的。如果需要扩展功能，可以在对当前的生产者和消费者都没有影响的前提下，增加新的消费者订阅同一个主题。

23.2　消息队列异步架构的好处

使用消息队列实现异步架构可以解决本章开篇提出的问题，实现更高的写操作性能，以及更低的耦合性。让我们总结一下使用消息队列的异步架构的好处。

1. 改善写操作请求的响应时间

使用消息队列，生产者应用程序只需要将消息发送到消息队列就可以继续向下执行了，无需等待耗时的消息消费处理。也就是说，可以更快速地完成请求处理操作，快速响应用户。

2. 更容易进行伸缩

应用程序也可以通过负载均衡实现集群伸缩，但是这种集群伸缩是以整个应用服务器为单位的。如果只是其中某些功能有负载压力，比如当用户上传图片，需要对图片进行识别、分析、压缩等一些比较耗时的计算操作时，也需要伸缩整个应用服务器集群。

事实上，图片处理只是应用中一个相对小的功能，如果因为这个功能就让应用服务器集群进行伸缩，代价可能会比较大。而使用消息队列，将图片处理相关的操作放在消费者服务器上，就可以单独针对图片处理的消费者集群进行伸缩，如图 23-7 所示。

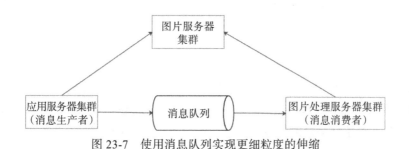

图 23-7　使用消息队列实现更细粒度的伸缩

3. 削峰填谷

互联网应用的访问压力随时都在变化，系统的访问高峰和低谷的并发压力可能也有非常大的差距。如果按照压力最大的情况去部署服务器集群，那么，服务器在绝大部分时间内都处于闲置状态。但利用消息队列，则可以将需要处理的消息放入消息队列，消费者可以控制消费速度，因此能够降低系统访问高峰时的压力，而在访问低谷时还可以继续消费消息队列中未处理的消息，保持系统的资源利用率，如图 23-8 所示。

4. 隔离失败

使用消息队列，生产者发送消息到消息队列后就继续进行后面的计算。消费者如果在处理消息的过程中失败，并不会传递给生产者，应用程序具有更高的可用性。

5. 降低耦合

正如上面发送邮件的示例所示，如果调用是同步的，那就意味着调用者和被调用者必然存在依赖。一方面是代码上的依赖，应用程序需要依赖发送邮件相关的代码，如果需要修改发送邮件的代码，就必须修改应用程序，而且如果要增加新的功能，比如发送短信，也必须修改应用程序；另一方面是结果的依赖，应用程序必须等到返回调用结果后才能继续执行，如果调用出现异常，应用程序必须先处理这个异常。

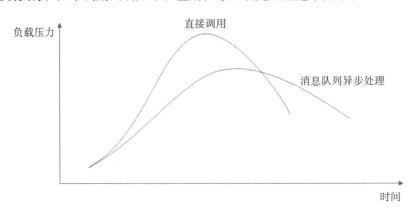

图 23-8　使用消息队列实现负载压力的削峰填谷

我们知道，耦合会使软件僵硬、笨拙、难以维护，而使用消息队列的异步架构可以降低调用者和被调用者的耦合。调用者发送消息到消息队列，不需要依赖被调用者的代码和处理结果，增加新的功能也只需要增加新的消费者就可以了。

23.3　小结

消息队列实现异步架构是改善互联网应用写操作性能的重要手段，也是一种低耦合、易扩展的分布式应用架构模式。但是使用这种架构有些方面也需要注意。

比如，消费者程序可能没有完成用户请求的操作，如上面发送邮件的示例，消费者程序发送邮件的时候可能会遇到各种问题，从而未完成邮件发送。

邮件的问题处理起来比较简单，比如可以提示用户"如果未收到邮件，点击按钮重新发送"。但是如果是提交订单或者发起支付的话，就需要更复杂的用户交互和处理方法了。比如，将订单消息发送到消息队列后就立即返回，这时可以在用户端 App 展现一个进度条，提示用户"订单处理中"，等消费者程序完成订单处理后，发送消息给用户App，显示最终的订单结果信息。

第 24 章

负载均衡架构
用 10 行代码实现一个负载均衡服务

负载均衡是互联网系统架构中必不可少的一项技术。通过负载均衡，可以将高并发的用户请求分发到多台应用服务器组成的一个服务器集群上，从而利用更多的服务器资源处理高并发下的计算压力。

那么，负载均衡是如何实现的，又如何将不同的请求分发到不同的服务器上呢？

早期，实现负载均衡需要使用专门的负载均衡硬件设备，这些硬件通常比较昂贵。随着互联网的普及，越来越多的企业需要部署自己的互联网应用系统，而这些专用的负载均衡硬件成本太高，于是出现了各种通过软件实现负载均衡的技术方案。

24.1 HTTP 重定向负载均衡

HTTP 重定向负载均衡是一种比较简单的负载均衡技术实现。来自用户的 HTTP 请求到达负载均衡服务器以后，负载均衡服务器根据某种负载均衡算法计算得到一个应用服务器的地址，并通过 HTTP 状态码 302 重定向响应，将新的 IP 地址发送给用户浏览器，用户浏览器收到重定向响应以后，重新发送请求到真正的应用服务器，以此来实现负载均衡，如图 24-1 所示。

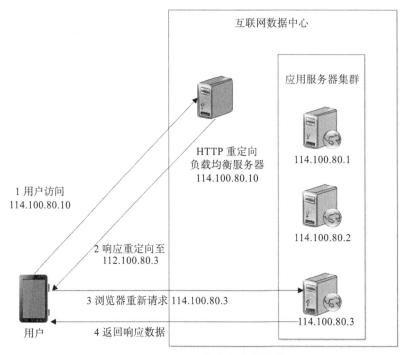

图 24-1　HTTP 重定向负载均衡

这种负载均衡实现方法比较简单。如果是用 Java 开发的话，只需要在 Servlet 代码中调用响应重定向方法就可以了。如果进行简化，只需要不到 10 行代码就可以实现一个 HTTP 重定向负载均衡服务器。

HTTP 重定向负载均衡的优点是设计简单，但是它的缺点也比较明显。一方面，用户完成一次访问，就需要请求两次数据中心，一次是请求负载均衡服务器，一次是请求应用服务器，这会使请求处理性能受到很大的影响。另一方面，因为响应要重定向到真正的应用服务器，所以需要把应用服务器的 IP 地址暴露给外部用户，这样会带来安全性问题。负载均衡服务器通常不需要部署应用代码也会关闭不必要的访问端口，设置比较严格的防火墙权限，通常安全性更好一点。因此，一个互联网系统通常只将负载均衡服务器的 IP 地址对外暴露，供用户访问，而应用服务器则只是用内网 IP，外部访问者无法直接连接应用服务器。但是使用 HTTP 重定向负载均衡，应用服务器就不得不使用公网 IP，这也使得外部访问者可以直接连接到应用服务器，系统的安全性会降低。

因此，HTTP 重定向负载均衡在实践中很少使用。

24.2 DNS 负载均衡

另一种实现负载均衡的技术方案是 DNS 负载均衡。我们知道，浏览器或者 App 应用访问数据中心的时候，通常是通过域名进行访问的，HTTP 协议必须知道 IP 地址才能建立通信连接，那么域名是如何转换成 IP 地址的呢？就是通过 DNS 服务器完成的。当用户从浏览器发起 HTTP 请求的时候，首先要到 DNS 域名服务器进行域名解析，解析得到 IP 地址以后，用户才能根据 IP 地址建立 HTTP 连接，访问真正的数据中心的应用服务器，这时就可以在 DNS 域名解析的时候进行负载均衡。也就是说，不同的用户进行域名解析的时候返回不同的 IP 地址，从而实现负载均衡，如图 24-2 所示。

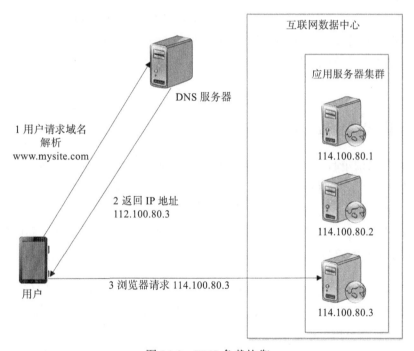

图 24-2　DNS 负载均衡

从图 24-2 所示的架构图可以看到，DNS 负载均衡和 HTTP 重定向负载均衡似乎很像。DNS 会不会有性能问题和安全性问题呢？

首先，DNS 和 HTTP 重定向不同，用户不需要每次请求都进行 DNS 域名解析。第一次解析后，域名缓存在本机，后面较长一段时间，都不会再进行域名解析了，因此性能方面没有问题。

其次，如果如图 24-2 所示，域名解析直接得到应用服务器的 IP 地址，确实会存在安全性问题。但是大型互联网应用通常并不会直接通过 DNS 解析得到应用服务器 IP 地址，而是解析得到负载均衡服务器的 IP 地址。也就是说，大型互联网应用需要两次负载均衡，一次通过 DNS 负载均衡，用户请求访问数据中心负载均衡服务器集群的某台机器，然后这台负载均衡服务器再进行一次负载均衡，将用户请求分发到应用服务器集群的某台服务器上。通过这种方式，应用服务器不需要用公网 IP 将自己暴露给外部访问者，避免了安全性问题。

DNS 域名解析是域名服务商提供的一项基本服务，几乎所有的域名服务商都支持域名解析负载均衡，只需要在域名服务商的服务控制台进行配置，不需要开发代码进行部署就可以拥有 DNS 负载均衡服务了。目前，大型的互联网应用，淘宝、百度、Google 等全部使用 DNS 负载均衡。用不同的电脑执行 ping www.baidu.com 命令就可以看到，不同电脑得到的 IP 地址是不同的。

24.3　反向代理负载均衡

在对缓存架构进行介绍时曾提到，用户请求到达数据中心以后，最先到达的是反向代理服务器。反向代理服务器会查找本机是否有请求的资源，如果有，就直接返回资源数据，如果没有，就将请求发送给后面的应用服务器继续处理。事实上，发送请求给应用服务器的时候就可以进行负载均衡，即将不同的用户请求分发到不同的服务器上。Nginx 这样的 HTTP 服务器可以同时提供反向代理与负载均衡功能，如图 24-3 所示。

反向代理服务器是工作在 HTTP 协议层之上的，所以它代理的也是 HTTP 的请求和响应。作为互联网应用层的一个协议，HTTP 协议相对来说比较重，效率比较低，所以反向代理负载均衡通常用在小规模的互联网系统上，即只有几台或者十几台服务器的规模。

24.4　IP 负载均衡

反向代理负载均衡是工作在应用层网络协议上的负载均衡，因此也叫应用层负载均衡。应用层负载均衡之下的负载均衡方法是在 TCP/IP 协议的 IP 层进行负载均衡，IP 层是网络通信协议的网络层，所以有时又叫网络层负载均衡。在用户的请求到达负载均衡服务器以后，负载均衡服务器会对网络层数据包的 IP 地址进行转换，并将其修改为应

用服务器的 IP 地址，然后把数据包重新发送出去，请求数据就会到达应用服务器，如图
24-4 所示。

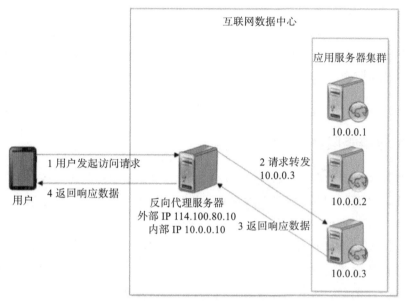

图 24-3　反向代理负载均衡

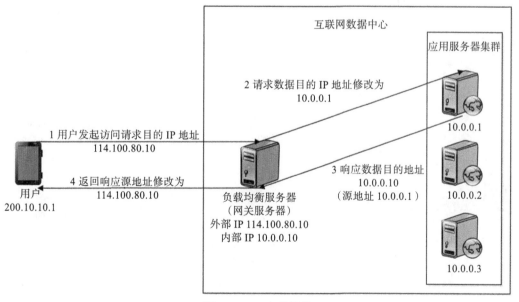

图 24-4　IP 负载均衡

IP 负载均衡不需要在 HTTP 协议层工作，可以在操作系统内核直接修改 IP 数据包的

地址，因此效率比应用层的反向代理负载均衡高得多。但是它依然有一个缺陷，就是不管是请求还是响应的数据包，都要通过负载均衡服务器进行 IP 地址转换后才能正确地把请求数据分发到应用服务器上，或者正确地将响应数据包发送到用户端程序。请求数据通常比较小，如一个 URL 或者是一个简单的表单，但是响应的数据不管是 HTML 还是图片，或者是 JS、CSS 这样的资源文件，通常都会比较大，因此负载均衡服务器会成为响应数据的流量瓶颈。

24.5　数据链路层负载均衡

数据链路层负载均衡可以解决响应数据量大而导致的负载均衡服务器输出带宽不足的问题。也就是说，负载均衡服务器并不会修改数据包的 IP 地址，而是通过修改数据链路层里的网卡 mac 地址在数据链路层实现负载均衡的。由于应用服务器和负载均衡服务器使用的是相同的虚拟 IP 地址，因此 IP 路由不会受到影响。网卡会根据自己的 mac 地址选择负载均衡服务器发送到自己网卡的数据包中，并交给对应的应用程序去处理，处理结束以后，当把响应的数据包发送到网络上时，因为 IP 地址不曾修改，所以这个响应会直接到达用户的浏览器，而不会再经过负载均衡服务器，如图 24-5 所示。

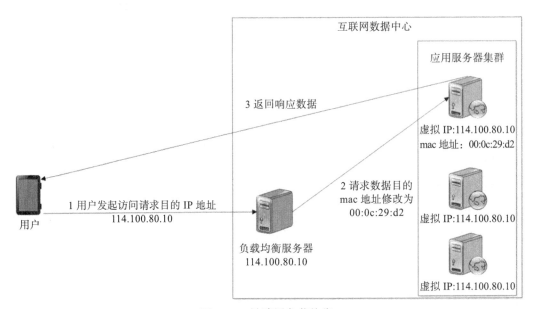

图 24-5　链路层负载均衡

链路层负载均衡可避免响应数据再次经过负载均衡服务器，因而可以承受较大的数据传输压力，所以目前大型互联网应用基本都使用链路层负载均衡。

Linux 上实现 IP 负载均衡和链路层负载均衡的技术是 LVS，目前 LVS 的功能已经集成到 Linux 中了，通过 Linux 可以直接配置实现这两种负载均衡。

24.6 小结

负载均衡技术刚面世的时候，设备昂贵，使用复杂，只有大企业才用得起、用得上。但是到了今天，随着互联网技术的发展与普及，负载均衡已经是最常用的分布式技术之一了，使用也非常简单。如果使用云计算平台，只需要在控制台点击几下，就可以配置实现一个负载均衡了。即使是自己部署一个负载均衡服务器，不管是直接用 Linux 还是用 Nginx，也不是很复杂。

本书主要描述的是负载均衡的网络技术架构。事实上，实现一个负载均衡还需要关注负载均衡的算法。也就是说，当一个请求到达负载均衡服务器的时候，负载均衡服务器该选择集群中的哪一台服务器并将请求发送给它呢？

目前，主要的负载均衡算法有轮询、随机、最少连接这三种。轮询就是将请求轮流发给应用服务器；随机就是将请求随机发送给任意一台应用服务器；最少连接则是根据应用服务器当前正在处理的连接数，将请求分发给最少连接的服务器。

第 25 章

数据存储架构
改善系统的数据存储能力

在整个互联网系统架构中，承受着最大处理压力，难以被水平伸缩的就是数据存储部分。原因主要有两方面：一方面，数据存储需要使用硬盘，而硬盘的处理速度要比其他几种计算资源，如 CPU、内存、网卡，都要慢一些；另一方面，数据是公司最重要的资产，公司需要保证数据的高可用以及一致性，非功能性约束更多一些。

因此，数据存储通常都是互联网应用的瓶颈。在高并发的情况下，最容易出现性能问题的就是数据存储。目前，用来改善数据存储能力的主要方法包括：数据库主从复制、数据库分片和 NoSQL 数据库。

25.1 数据库主从复制

以 MySQL 为例，来看数据库主从复制的实现技术以及应用场景。

MySQL 的主从复制，顾名思义就是将 MySQL 主数据库中的数据复制到从数据库中去。主要的复制原理是，当应用程序客户端发送一条更新命令到主服务器数据库时，数据库会把这条更新命令同步记录到 Binlog 中，然后由另外一个线程从 Binlog 中读取这条日志，并通过远程通信的方式将它复制到从服务器上去。

从服务器获得这条更新日志后，将其加入自己的 Relay Log 中，然后由另外一个 SQL 执行线程，从 Relay Log 中读取这条新的日志，并把它在本地的数据库中重新执行一遍，这样当客户端应用程序执行一个 update 命令的时候，这个命令会同时在主数据库和从数据库上执行，从而实现了主数据库向从数据库的复制，让从数据库和主数据库保持一样的数据，如图 25-1 所示。

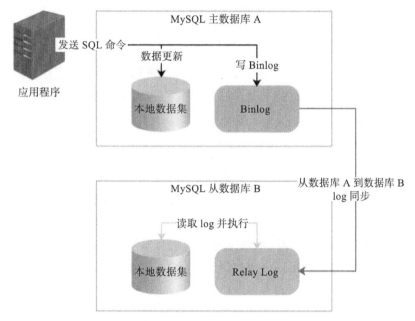

图 25-1　MySQL 主从复制

通过数据库主从复制的方式，可以实现数据库读写分离。写操作访问主数据库，读操作访问从数据库，使数据库具有更强大的访问负载能力，支撑更多的用户访问。在实践中，通常采用一主多从的数据复制方案，也就是说，一个主数据库将数据复制到多个从数据库，多个从数据库承担更多的读操作压力，它们扮演着不同的角色，比如，有的从数据库用来做实时数据分析，有的用来做批任务报表计算，有的单纯做数据备份。

采用一主多从的方案时，如果某个从数据库宕机，还可以将读操作迁移到其他从数据库上，保证读操作的高可用。但如果主数据库宕机，系统就没法使用了。因此在现实中，也会采用 MySQL 主主复制方案。也就是说，两台服务器互相备份，任何一台服务器都会将自己的 Binlog 复制到另一台机器的 Relay Log 中，以保持两台服务器的数据一致，如图 25-2 所示。

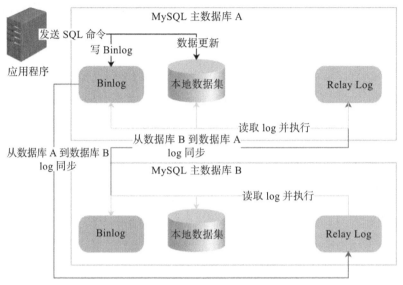

图 25-2　MySQL 主主复制

使用主主复制需要注意的是，主主复制仅仅能用来提升数据写操作的可用性，并不能提高写操作的性能。任何时候，系统中都只能有一个数据库作为主数据库，也就是说，所有的应用程序都必须连接到同一个主数据库进行写操作。只有当该数据库宕机失效的时候，才会将写操作切换到另一台主数据库上。这样才能够保证数据库数据的一致性，不会出现数据冲突。

此外，不管是主从复制还是主主复制，都无法提升数据库的存储能力。也就是说，不管增加多少服务器，这些服务器存储的数据都是一样的。如果数据量太大，数据库无法存储这么多数据，仅通过数据库复制是无法解决问题的。

25.2　数据库分片

数据库主从复制无法解决数据库的存储问题，但是数据库分片技术却可以解决该问题。也就是说，将一张表的数据分成若干片，每一片都包含了数据表中一部分的行记录，且每一片都存储在不同的服务器上，这样一张表就存储在多台服务器上了。

最简单的数据库分片存储可以采用硬编码的方式，在程序代码中直接指定一条数据库记录要存放到哪个服务器上。比如，将用户表分成两片，存储在两台服务器上，就可以在程序代码中根据用户 ID 进行分片计算，比如，ID 为偶数的用户记录存储到服务器 1，ID 为奇数的用户记录存储到服务器 2，如图 25-3 所示。

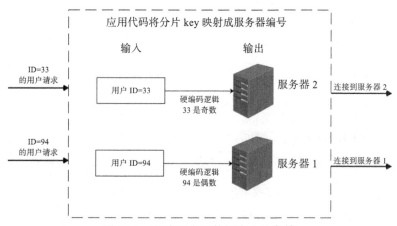

图 25-3　硬编码实现数据库分片存储

但是硬编码方式的缺点也比较明显。首先，如果要增加服务器，就必须修改分片逻辑代码，这样程序代码就会因为非业务需求产生不必要的变更；其次，分片逻辑耦合在处理业务逻辑的程序代码中，修改分片逻辑或者修改业务逻辑，都可能使另一部分代码因为不小心的改动而出现 Bug。

但是，我们可以通过使用分布式关系数据库中间件来解决这个问题，即在中间件中完成数据的分片逻辑，且对应用程序透明，比如使用分布式数据库中间件 MYCAT 实现该功能。MYCAT 的原理如图 25-4 所示。

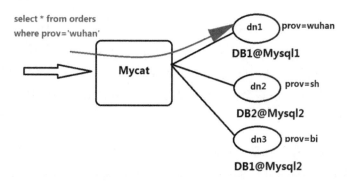

图 25-4　MYCAT 分布式数据库

应用程序像使用 MySQL 数据库一样连接 MYCAT，提交 SQL 命令。MYCAT 在收到 SQL 命令以后，查找配置的分片逻辑规则。如图 25-4 所示的例子中，根据地区进行数据分片，不同地区的订单存储在不同的数据库上，MYCAT 就可以解析出 SQL 中的地区字段 prov，再根据这个字段连接对应的数据库。示例中 SQL 的地区字段是"wuhan"，而在 MYCAT 中配置"wuhan"对应的数据库是 DB1，故而用户提交的这条 SQL 最终会被发送给 DB1 数据库进行处理。

实践中，更常见的数据库分片算法是我们所熟悉的余数 Hash 算法，即根据主键 ID 和服务器的数目进行取模计算，然后根据余数连接相对应的服务器。

但是，使用余数 Hash 算法选择服务器时，又会出现如前面讨论的分布式对象缓存一样的集群伸缩性问题，也就是如果需要增加服务器，应如何重新计算数据所在的服务器。

使用缓存时，如果有部分数据不能通过缓存获得，还可以到数据库查找。上述的一致性 Hash 算法也确实会导致小部分缓存服务器中的数据无法被找到，但是大部分缓存数据还是能够找到的，这不影响缓存服务正常使用。

如果分布式关系数据库中有数据无法找到，则可能会导致系统严重故障。因此分布式关系数据库集群扩容、增加服务器的时候，会要求所有的数据必须正常访问，不能有数据丢失。所以数据库扩容通常要进行数据迁移，即将原来服务器的部分数据迁移到新服务器上。

那么，哪些数据需要迁移呢？迁移过程中如何保证数据一致呢？

实践中，分布式关系数据库通常采用逻辑数据库进行分片，而不是用物理服务器进行分片。

比如，MySQL 可以在一个数据库实例上创建多个 Schema，每个 Schema 对应自己的文件目录。数据分片的时候可以以 Schema 为单位进行，每个数据库实例可启动多个 Schema。进行服务器扩容时，只需要将部分 Schema 迁移到新服务器上就可以了。因为分片不变，所以路由算法完全不需要修改，但是集群的服务器却增加了，如图 25-5 所示。

而且因为 MySQL 有主从复制的能力，所以在迁移时，只需要将这些 Schema 的从库配置到新服务器上，数据就开始复制了。等数据同步完成，再将新服务器的 Schema 设置为主服务器，就完成了集群的扩容。

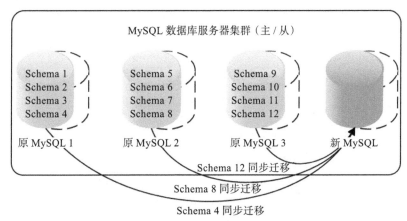

图 25-5　MySQL 数据分片集群伸缩方案

25.3　关系数据库的混合部署

上面提到了关系数据库的主从复制、主主复制、数据库分片这几种改善数据读写以及存储能力的技术方案。事实上，这几种方案可以根据应用场景的需要混合部署，即可以在一个系统中混合使用以上多种技术方案。

对于数据访问和存储压力不太大，且对可用性要求不太高的系统，也许使用部署在单一服务器上的数据库就可以了。这时，所有的应用服务器都会连接访问这一台数据库服务器，如图 25-6 所示。

如果访问量比较大，同时对数据可用性的要求也比较高，那么就需要使用数据库主从复制技术了，即将数据库部署在多台服务器上，如图 25-7 所示。

如果业务复杂度以及数据存储和访问压力增加，那么可以选择业务分库，即将不同业务相关的数据库表部署在不同的服务器上。比如，类目数据和用户数据相对来说关联关系不大，服务的应用也不一样，因此可以将这两类数据库部署在不同的服务器上。而每一类数据库还可以继续选择使用主从复制或者主主复制，如图 25-8 所示。

不同的业务数据库，其数据库存储的数据和访问压力也是不同的，用户数据库的数据量和访问量可能是类目数据库的几十倍，甚至上百倍。这时就可以针对用户数据库进行数据分片，而每个分片数据库还可以继续进行主从复制或者主主复制，如图 25-9 所示。

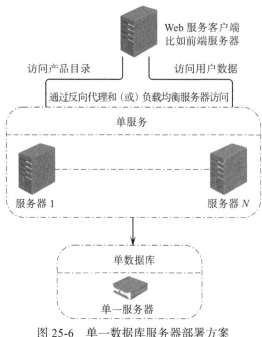

图 25-6　单一数据库服务器部署方案

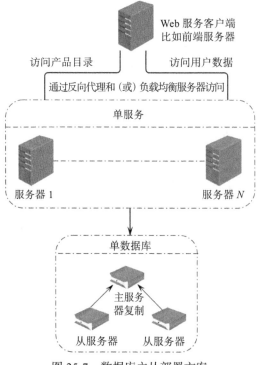

图 25-7　数据库主从部署方案

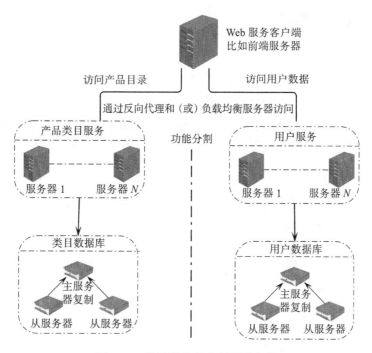

图 25-8 数据库业务分库部署方案

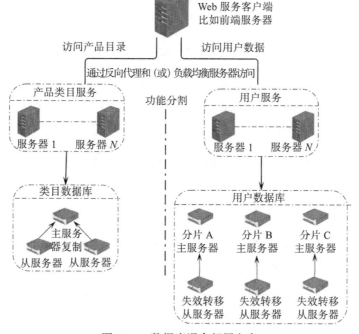

图 25-9 数据库混合部署方案

25.4 NoSQL 数据库

NoSQL 数据库是改善数据存储能力的一个重要手段。NoSQL 数据库和传统的关系型数据库不同，其主要访问方式不是使用 SQL 进行操作，而是使用 Key、Value 的方式进行数据访问，所以被称作 NoSQL 数据库。NoSQL 数据库主要用来解决大规模分布式数据的存储问题。常用的 NoSQL 数据有 Apache HBase、Apache Cassandra 等。此外，Redis 虽然是一个分布式缓存技术产品，但有时也被归类为 NoSQL 数据库。

NoSQL 数据库面临的挑战之一是数据一致性问题。如果数据分布存储在多台服务器组成的集群上，当有服务器节点失效时，或者服务器之间网络通信故障时，不同用户读取的数据就可能不一致，如图 25-10 所示。

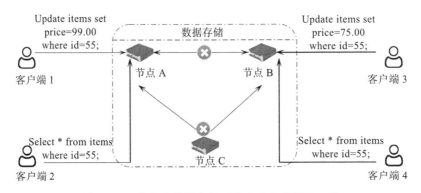

图 25-10　分布式数据存储可能出现的数据不一致

比如，用户 1 连接服务器节点 A，用户 2 连接服务器节点 B，当两个用户同时修改某个数据时，如果正好服务器 A 和服务器 B 之间的网络通信失败，那么这两个节点上的数据也就不一致了，其他用户在访问这个数据的时候，可能会得到不一致的结果。

关于分布式存储系统有一个著名的 CAP 原理，即一个提供数据服务的分布式系统无法同时满足数据一致性（Consistency）、可用性（Availability）和分区耐受性（Partition Tolerance）这三个条件。

一致性指的是每次读取的数据都应该是最近写入的数据或者返回的一个错误，而不是过期数据，也就是说数据是一致的。

可用性指的是每次请求都应该得到一个响应，而不是返回一个错误或者失去响应，不过这个响应不需要保证数据是最近写入的。系统需要保证一直可以正常使用，不会引起调用者的异常，但是并不能保证响应的数据是最新的。

分区耐受性指的是即使因为网络原因导致网络分区失效，部分服务器节点之间的消息丢失或者延迟了，系统依然应该是可以操作的。

通过 CAP 原理可知，当网络分区失效的时候，我们要么取消操作，保证数据一致性，但是系统是不可用的；要么继续写入数据，但是数据的一致性就得不到保证了。

对于一个分布式系统而言，网络失效一定会发生，也就是说分区耐受性是必须要保证的。而对于互联网应用来说，可用性也是需要保证的，分布式存储系统通常需要在一致性上做一定程度的妥协。

Apache Cassandra 解决数据一致性问题的方案是，在用户写入数据时，将一个数据写入集群中的三个服务器节点，等待至少两个节点响应写入成功。用户读取数据的时候，会从三个节点尝试读取数据，至少等到两个节点返回数据后，才根据返回数据的时间戳选取最新版本的数据。这样，即使服务器中的数据不一致，最终用户还是能得到一个一致的数据，这种方案也被称为最终一致性解决方案，如图 25-11 所示。

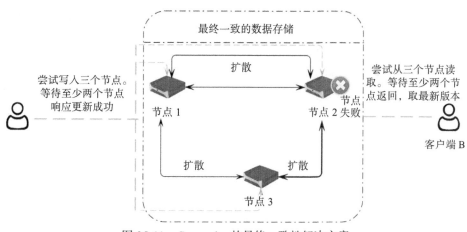

图 25-11　Cassandra 的最终一致性解决方案

25.5　小结

有人说，架构是一门关于权衡的艺术，这一点在数据存储架构上表现得最为明显。基于数据存储的挑战性和复杂性，无论你选择何种技术方案，都会带来一些新的问题和挑战。数据存储架构没有银弹，更没有一劳永逸的解决方案，唯有在深刻理解业务的场景和各种分布式存储技术特点的基础上进行各种权衡考虑，选择最合适的解决方案，并想办法弥补其缺陷，才能真正解决问题。

　　本书在前面讨论过垂直伸缩和水平伸缩这两种不同的架构思路。因为各种原因，互联网应用主要采用的是水平伸缩，也就是各种分布式技术。事实上，在数据存储方面，有时候也采用垂直伸缩。使用更好的硬件服务器部署数据库也是一种不错的改善数据存储能力的方法。

第 26 章

搜索引擎架构
瞬间完成海量数据检索

我们在使用搜索引擎的时候，搜索结果页面会展示搜索到的结果数目以及花费的时间。比如，用 Google 搜索中文"架构师"这个词，会显示找到约 1.1 亿条结果，用时 0.49 秒，如图 26-1 所示。

图 26-1　Google 搜索引擎快速检索得到的结果

我们知道 Google 收录了几乎全世界所有的公开网页，这是一个非常庞大的数目。它是如何做到在这么短的时间内完成如此庞大的数据搜索的呢？

26.1　搜索引擎倒排索引

数据的搜索与查找技术是计算机软件的核心算法，在这方面已有非常多的技术和实践。

而对于搜索引擎来说，要对海量文档进行快速内容检索，主要使用的是倒排索引技术。

像 Google 这样的互联网搜索引擎，是通过网络爬虫获取全球的公开网页的，那么，搜索引擎如何知道全世界的网页都在哪里呢？

事实上，互联网不光是将全世界的人和网络应用联系起来，同时也将全世界的网页通过超链接联系起来了，几乎每个网页都包含了一些其他网页的超链接，这些超链接互相链接，让全世界的互联网构成了一个大的网络。所以，搜索引擎只需要解析这些网页，得到里面的超链接，然后下载这些超链接的网页继续解析，就可以得到全世界的网页了。

这个过程具体可描述为：首先选择一些种子 URL，然后通过爬虫将这些 URL 对应的页面爬下来。所谓的爬虫，就是发送 URL 请求，下载相应的 HTML 页面，然后将这些 Web 页面存储在自己的服务器上，并解析这些页面的 HTML 内容，当解析到网页里的超链接 URL 时，再检查这个超链接是否已经在前面爬取过了，如果没有，就把这个超链接放到一个队列中，后面会请求这个 URL，得到对应的 HTML 页面并解析其包含的超链接……如此不断重复，就可以将全世界的 Web 页面都存储到自己的服务器中。爬虫系统架构如图 26-2 所示。

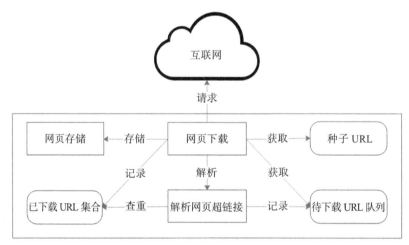

图 26-2 互联网爬虫系统架构

得到了全部的网页以后，需要对每个网页进行编号，由此得到全部网页的文档集合，然后再解析每个页面，提取文档里的每个单词。如果是英文，每个单词都用空格分隔，比较容易；如果是中文，需要使用中文分词器才能提取到每个单词，比如，"后端技术"

使用中文分词器得到的就是"后端""技术"这两个词。

然后考察每个词在哪些文档中出现，比如，"后端"在文档 2、4、5、7 中出现，"技术"在文档 1、2、4 中出现，这样我们就可以得到一个单词、文档矩阵，见表 26-1。

表 26-1　单词、文档矩阵

文档编号 单词	1	2	3	4	5	6	7
后端		√		√	√		√
技术	√	√		√			

把这个单词、文档矩阵按照单词→文档列表的方式组织起来，就是倒排索引了，见表 26-2。

这个示例中只有两个单词、七个文档。事实上，Google 数以万亿的网页就是这样通过倒排索引组织起来的，网页数量虽然庞大得不可思议，但是单词数却是有限的，所以整个倒排索引的大小相比网页数量要小得多。Google 会将每个单词

表 26-2　倒排索引

单词	文档列表
后端	2、4、5、7
技术	1、2、4

的文档列表存储在硬盘中，而对于文档数量没那么大的应用而言，文档列表也可以存储在内存中。针对每个单词记录硬盘或者内存中的文档列表地址，搜索的时候，只要搜索到单词，就可以快速得到文档地址列表。根据列表中的文档编号，展示对应的文档信息，就完成了海量数据的快速检索。

而搜索单词的时候，我们可以将所有单词构成一个 Hash 表，根据搜索词直接查找 Hash 表就可以得到单词了。如果搜索词是"后端"，那么快速得到的文档列表有四个；如果搜索词是"后端技术"，那么首先需要对搜索词进行分词，在得到"后端""技术"这两个搜索单词后，分别查询这两个单词的文档列表，然后将这两个文档列表求交集，也可以很快得到搜索结果，这里是有两个。

虽然搜索引擎利用倒排索引已经可以很快得到搜索结果，但在实践中，搜索引擎应用还会使用缓存对搜索进行加速，将整个搜索词对应的搜索结果直接放入缓存，以降低倒排索引的访问压力以及减少不必要的集合计算。

26.2 搜索引擎结果排序

有了倒排索引，虽然可以快速得到搜索结果，但如果搜索结果比较多，哪些文档应该优先展示给用户呢？举个例子，我们使用 Google 搜索"架构师"的时候，虽然 Google 告诉我们搜索结果有 1.1 亿个，但是我们通常在搜索结果列表的头几个就能找到想要的结果，而列表越往后，结果越不是我们想要的。Google 是如何知道我们想要的结果的呢？这样的搜索结果展示显然是排过序的，那搜索引擎的结果又是如何排序的呢？

事实上，Google 使用了一种叫 PageRank 的算法来计算每个网页的权重，搜索结果会按照权重排序，权重高的网页在显示最终结果的时候排在前面。为什么权重高的网页正好就是用户想要看到的呢？我们先看一下网页的权重算法，即 PageRank 算法。

PageRank 算法认为，如果一个网页里包含了某个网页的超链接，就表示该网页认可某个网页，或者说该网页给某个网页投了一票。如图 26-3 所示，有 A、B、C、D 四个网页，箭头指向的方向就表示超链接的方向，B 的箭头指向 A，表示 B 网页包含 A 网页的超链接，也就是 B 网页给 A 网页投了一票。

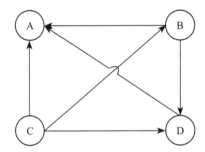

图 26-3　PageRank 一个超链接就是一个投票

开始的时候，所有网页都初始化权重值为 1，然后根据超链接关系计算新的权重。比如，B 页面包含了 A 和 D 这两个页面的超链接，那么，自己的权重 1 就被分成了两个 1/2，并分别投给 A 和 D。而 A 页面的超链接包含在 B、C、D 这三个页面中，那么 A 页面新的权重值就是这三个页面投给它的权重值之和：1/2 + 1/3 + 1 = 11/6。

经过一轮 PageRank 计算后，每个页面都有了新的权重，然后基于这个新的权重再继续一轮计算，直到所有的网页权重稳定下来，就得到了所有网页最终的权重，即最终的 PageRank 值。

通常，在一个网页中包含了另一个网页，是对另一个网页的认可，认为这个网页质量高，值得推荐。而被重要网页推荐的网页也应该是重要的。PageRank 算法就是对这一设想的实现。PageRank 值代表了一个网页是否值得推荐的程度，越受推荐越重要，就越是用户想看到的。基于每个网页的 PageRank 值对倒排索引中的文档列表进行排序，排在前面的文档通常也是用户想要看到的文档。

PageRank 算法对于互联网网页排序效果很好，但是对于那些用户生成内容（UGC）的网站而言，如豆瓣、知乎、InfoQ 等，如果想在这些网站内部进行搜索，PageRank 算法就没什么效果了。因为豆瓣的影评、知乎的回答、InfoQ 的技术文章之间很少通过超链接进行推荐。

要想对这些站内搜索引擎的结果进行排序，就需要利用其他一些信息及算法，比如，可以利用文章获得的点赞数进行排序，点赞越多表示越能获得其他用户的认可，越应该在搜索结果中排在前面。利用点赞数排序或者 PageRank 排序，都是利用内容中存在的推荐信息排序，而这些推荐信息来自于广大参与其中的人，因此这些算法的实现也称作"集体智慧编程"。

除了利用点赞数进行排序以外，有时候我们更期望搜索结果按照内容和搜索词的相关性进行排序，比如，在 infoq.cn 搜索 PageRank，我其实并不想看那些点赞很多但是只提到一点点 PageRank 的文章，我主要想看的是有关 PageRank 算法的文章。这种情况可以使用词频 TF 进行排序，词频表示某个词在该文档中出现的频繁程度，也代表了这个词和该文档的相关程度。词频公式如下：

$$TF = \frac{某个词在该文档中出现的次数}{该文档总词数}$$

使用豆瓣电影进行搜索时，豆瓣的搜索结果主要是电影名中包含了搜索词的电影，比如我们搜索"黑客"这个词，豆瓣的搜索结果列表就是以"黑客"为电影名的电影，如图 26-4 所示。

如果想搜索的电影内容是关于黑客的，但是标题里可能没有"黑客"这两个字，豆瓣的搜索就无能为力了。几年前，我自己专门写了一个电影搜索引擎，利用豆瓣的影评内容建立倒排索引，利用词频算法进行排序，搜索的结果如图 26-5 所示。这个结果更符合我对电影搜索引擎的期待。

这个搜索引擎源代码的地址如下：https://github.com/itisaid/sokeeper。

图 26-4　豆瓣电影搜索结果展示

图 26-5　根据词频算法排序的电影搜索引擎

26.3　小结

事实上，搜索引擎技术不只是用在 Google 这样的搜索引擎互联网应用中。对于大多数应用而言，如果想要对稍具规模的数据进行快速检索，免不了要用搜索引擎技术。而对于淘宝这样的平台型应用，搜索引擎技术甚至驱动着其核心商业模式。一方面，淘宝海量的商品需要通过搜索引擎完成查找；另一方面，淘宝的主要盈利来自于搜索引擎排名。所以，淘宝的核心技术和盈利模式在本质上跟百度、Google 是一样的。

第 27 章

微服务架构
微服务究竟是"灵丹"还是"毒药"

微服务架构是从单体架构演化而来的。所谓单体架构，指的是整个互联网系统所有代码打包在一个程序中，部署在一个集群上，一个单体应用构成整个系统。

而微服务架构则是将这个大的应用里面的一些模块拆分出来，这些模块独立部署在一些相对较小的服务器集群上，应用通过远程调用的方式依赖这些独立部署的模块完成业务处理。这些被独立部署的模块被称为微服务，而这样的应用架构也被称为微服务架构。

应该说，模块化、低耦合一直以来都是软件设计追求的目标，独立部署的微服务使模块之间的依赖关系更加清晰，隔离得也更好，让系统更易于开发、维护，代表了正确的技术方向。但是在实践中，有时使用了微服务系统反而变得更加难以开发、维护，技术团队痛苦不堪，觉得是微服务的"锅"，于是主张放弃微服务，退回到单体架构。

那么，究竟该不该使用微服务？微服务是"灵丹"还是"毒药"？

27.1　单体架构的困难和挑战

阿里巴巴大约是国内最早尝试微服务的企业之一。让我们先回顾一下这段历史，看看当年阿里巴巴为什么要使用微服务架构？微服务架构能解决什么问题？用好微服务需要做哪些准备？

阿里巴巴开始尝试微服务架构大约是在 2008 年。在此之前，一个网站就是一个大应用，一个用 Java 开发的 war 包就包含了整个应用。系统更新时，即使只是更新其中极小的一部分，也要重新打包整个 war 包，发布整个系统。

随着业务的不断发展，这样的单体巨无霸系统遇到了越来越多的困难。

1. 编译、部署困难

一个应用系统一个 war 包，这个 war 包的大小可能是几个 GB。对于开发工程师来说，开发编译和部署这个 war 包都是非常困难的，当时我用自己的电脑编译，大约花了半个多小时。工程师在开发的过程中，即使只改了庞大系统中的一行代码，也必须重新打包完整的系统才能做开发测试。对这样的单体系统进行开发部署和测试都是非常困难的，有时甚至一天都写不了几行代码。

2. 代码分支管理困难

因为单体应用非常庞大，所以代码模块也是由多个团队共同维护的，但最后还是要编译成一个单体应用，统一发布。这就要求把各个团队的代码合并在一起，这个过程很容易发生代码冲突。而合并的时候又是应用要发布的时候，发布本就是复杂的过程，再加上代码合并带来的风险，各种情况纠缠在一起，极易出错。所以，在单体应用时代，每一次应用发布都需要搞到深更半夜。

3. 数据库连接耗尽

对于一个巨型的应用而言，因为有大量的用户进行访问，所以必须部署到大规模的服务器集群上，且每个应用都需要与数据库建立连接。大量的应用服务器连接到数据库，会对数据库的连接产生巨大的压力，某些情况下甚至会耗尽数据库的连接。

4. 新增业务困难

因为所有的业务都耦合在一个单一的大系统里，随着时间的推移，这个系统会变得非常复杂，想要维护这样一个系统是非常困难的。很多新入职的工程师不熟悉业务，于是熟悉系统的老员工要加班加点地干活，不熟悉系统的新员工虽然一帮忙就出乱，但也免不了要跟着加班。整个公司热火朝天地干活，但最后还是常常出故障，新的功能迟迟不能上线。

5. 发布困难

单体系统一个 war 包就包含了所有的代码，新版本发布的时候，即使跟自己开发的代码一点关系都没有，但就因为包含了自己的代码，所以也不得不跟着发布值班，真正更新代码功能的只有几个人，他们汗流浃背地处理代码冲突和修复发布 Bug，没有代码更新的同事则陪着聊天、打瞌睡、打游戏。

这些单体架构带来的问题很多工程师都是有切身体会的。所以，在开始重构微服务架构时，虽然也遇到了很多挑战和困难，但是大家为了自身的利益，还是团结一致，成功完成了微服务架构重构。

27.2　微服务框架原理

当时，阿里自己开发了一个微服务框架重构微服务架构，这个微服务框架就是著名的 Dubbo。Dubbo 借鉴了此前更早的 SOA 架构方案，即面向服务的体系架构。SOA 架构如图 27-1 所示。

图 27-1　SOA 架构

在面向服务的体系架构里面，服务提供者向注册中心注册自己的服务后，服务调用者要到注册中心去发现服务，发现服务以后，根据服务注册中心提供的访问接口和访问路径对服务发起请求，由服务的提供者完成请求，返回结果给调用者。后来的各种微服务框架其实都可以认为是 SOA 架构的一种实现。但是在早期的 SOA 架构实践中，WSDL、SOAP 这些协议都比较重，服务的注册与发现描述协议很复杂，服务的调用效率也比较低。

Dubbo 在借鉴 SOA 架构的基础上进行了优化，抛弃了 SOA 一些不必要的规范约束，使用二进制协议进行服务注册与调用，这使得执行效率和使用的简洁性都得到了极大提升。Dubbo 架构如图 27-2 所示。

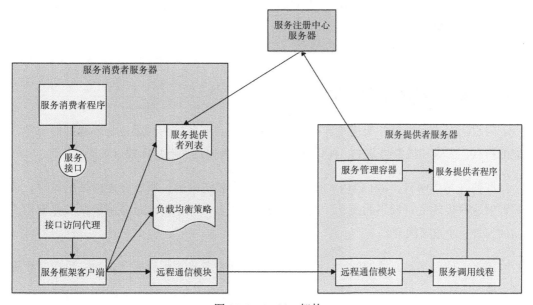

图 27-2　Dubbo 架构

Dubbo 架构和 SOA 架构一样，最核心的组件也是三个，分别是服务提供者、服务消费者和服务注册中心。

顾名思义，服务的提供者就是微服务的具体提供者，它通过微服务容器对外提供服务，而服务的消费者就是应用系统或是其他微服务。

具体过程是服务的提供者程序在 Dubbo 的服务容器中启动，通过服务管理容器向服务注册中心进行注册，声明服务提供者提供的接口参数和规范，并且注册自己所在服务器的 IP 地址和端口。

服务的消费者如果想要调用某个服务，只需依赖服务提供者的接口进行编程即可。而服务接口通过 Dubbo 框架的代理访问机制，调用 Dubbo 的服务框架客户端，服务框架客户端会根据服务接口声明，去注册中心查找对应的服务提供者启动在哪些服务器上，并且将这个服务器列表返回给客户端。客户端根据某种负载均衡策略，选择某一个服务器，通过远程通信模块发送具体的服务调用请求。

服务调用请求通过 Dubbo 底层的远程通信模块，也就是 RPC 调用方式，将请求发送到服务的提供者服务器，服务提供者服务器收到请求以后，将该请求发送给服务提供者程序，执行服务，并将服务执行的结果通过远程调用通信模块 RPC 返回给服务消费者客户端，服务消费者客户端将结果返回给服务调用程序，从而完成远程服务的调用，获得服务处理的结果。

27.3 微服务架构的落地实践

阿里当时进行微服务架构重构的目标比较明确，要解决的问题也是工程师们日常开发的痛点，大家积极参与其中，所以阿里的微服务重构过程还是比较成功的。

即使在单体时代，war 包内的模块关系也是比较清晰的。所以在重构微服务时，只需要对这些模块进行较小的改动，进行微服务部署就可以了。这也是阿里微服务重构成功的另外一个重要因素。

那么，回到本章开始的问题，为什么有些企业会觉得用了微服务之后，反而问题更多了呢？

有些实施微服务的技术团队，既没有达成共识，又没有做好模块划分，模块的职责边界不清，依赖关系混乱，很多单体架构下隐藏的问题到了微服务上反而变得更加严重，于是有人觉得是微服务这个技术有问题。

微服务不同于分布式缓存、分布式消息队列或者分布式数据库这些技术。这些技术相对来说是比较"纯粹"的，和业务的耦合关系并不大，使用这些技术的场景也比较明确。而微服务本身和业务强相关，如果业务关系没梳理好，模块设计不清晰，使用微服务架构很可能得不偿失，带来各种问题。

很多技术团队在实施微服务的时候，把关注的重点放在了微服务技术框架上。事实上，微服务技术框架作为一个工具对于成功实施微服务不是最重要的，最重要的是使用微服务究竟能得到什么，也就是自己的需求是什么。

实施微服务的关注点应该是如图 27-3 所示的倒三角模型。

图 27-3　技术落地的倒三角模型

　　首先明确自己的需求，即我们到底想用微服务达到什么样的目的。需求清晰了，再去考虑具体要实现的价值，并根据价值构建我们的设计原则，根据设计原则寻找最佳实践，最后根据实践去选择最合适的工具。

　　如果先找到一个工具，然后用工具硬往上套需求，只会导致技术用不好，业务也做不好，所有人都疲惫不堪，事情变得一团糟，最后还要反过来找技术的毛病。

27.4　小结

　　微服务和业务的关系是非常紧密的，仅仅用好微服务技术框架是无法成功实施微服务的。成功实施微服务最重要的是做好业务的模块化设计，模块之间要低耦合、高聚合，模块之间的依赖关系要清晰简单。只有实现这样的模块化设计，才能构建出良好的微服务架构。如果系统本身就是一团糟，强行将它们拆分在不同的微服务里，只会使系统变得更加混乱。

第 28 章

高性能架构
除了代码，还可以在哪些地方优化性能

系统性能是互联网应用最核心的非功能性架构目标，系统因为高并发访问引起的首要问题就是性能问题。在高并发访问的情况下，系统因为资源不足，处理每个请求的时间都会变慢，看起来就是性能变差。

性能优化是互联网架构师的核心职责之一。通常我们进行性能优化，首先想到的就是优化代码。事实上，一个系统是由若干部分组成的，所有这些部分都可以进行优化。

进行性能优化的一个首要前提是必须知道系统当前的性能状况，进而才能进行性能优化。而了解系统性能状况必然离不开性能测试，所以下面先来看性能测试。

28.1 性能指标

所谓性能测试，就是模拟用户请求，对系统施加高并发的访问压力，观察系统的性能指标。系统性能指标主要有响应时间、并发数、吞吐量和性能计数器等。

1. 响应时间

响应时间是指从发出请求开始到收到最后响应数据所需要的时间。响应时间是系统最重要的性能指标，直接反映了系统运行的快慢。

2. 并发数

并发数是指系统同时处理的请求数，这个数字反映了系统的负载压力情况。进行性能测试的时候，通常会在性能压测工具中用多线程模拟并发用户请求，每个线程模拟一个用户请求，这个线程数就是性能指标中的并发数。

3. 吞吐量

吞吐量是指单位时间内系统处理请求的数量，体现的是系统的处理能力。我们一般用每秒 HTTP 请求数 HPS、每秒事务数 TPS、每秒查询数 QPS 这样的指标来衡量。

吞吐量、响应时间和并发数三者之间是存在关联性的。并发数不变，响应时间足够快，那么单位时间的吞吐量就会相应提高。比如，并发数是 1，响应时间是 100ms，那么 TPS 就可能是 10；如果响应时间是 500ms，TPS 就变成了 2。

4. 性能计数器

性能计数器指的是服务器或者操作系统性能的一些指标数据，包括系统负载 System Load、对象和线程数、内存使用、CPU 使用、磁盘和网络 I/O 使用等指标，这些指标是系统监控的重要参数，它们是反映系统负载和处理能力的一些关键指标。通常这些指标和性能是强相关的。如果这些指标很高，是瓶颈之所在，通常也预示着性能可能会出现问题。在实践中，运维和开发人员会对这些性能指标设置一些报警阈值。当监控系统发现性能计数器超过阈值时，就会向运维和开发人员报警，以便及时发现、处理系统的性能问题。

28.2 性能测试

性能测试是使用性能测试工具，通过多线程模拟用户请求对系统施加高并发的访问压力，得到以上这些性能指标。事实上，基于性能测试工具中逐渐增加的请求线程数，系统的吞吐量和响应时间会呈现出不同的性能特性。具体说来，整个测试过程又可细分为性能测试、负载测试和压力测试这三个阶段。

1. 性能测试

性能测试是指以系统设计初期规划的性能指标为预期目标，对系统不断地施加压力，验证系统在资源可接受的范围内是否达到了性能的预期目标。在这个过程中，随着并发数的增加，吞入量也在增加，但是响应时间变化不大。系统在正常情况下的并发访问压力应该都在这个范围内。

2. 负载测试

负载测试则是对系统不断地施加并发请求，增加系统的压力，直到系统的某项或多项指标达到安全临界值。在这个过程中，并发数不断增加，吞吐量却只有小幅的增长，达到最大值后，吞吐量还会下降，而响应时间则会不断增加。

3. 压力测试

压力测试是指在超过安全负载的情况下，增加并发请求数，对系统继续施加压力，直到系统崩溃或者不再处理任何请求，此时的并发数就是系统的最大压力承受能力。在这个过程中，吞吐量迅速下降，响应时间迅速增加，到了系统崩溃点，吞吐量为零，响应时间无穷大。

性能压测工具不断增加并发请求线程数，持续对系统进行性能测试、负载测试和压力测试，得到对应的 TPS 和响应时间，将这些指标反映在一个坐标系里，就得到系统的性能特性曲线。在图 28-1 中，横轴是并发数，纵轴有两个，左边是吞吐量 TPS，右边是响应时间。

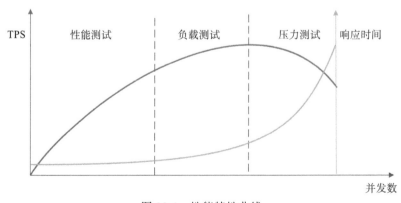

图 28-1 性能特性曲线

除了测出性能指标，有时候还需要进行稳定性测试。稳定性测试是指持续对被测试系统施加一定的并发访问压力，使系统运行较长一段时间，以此检测系统是否稳定。通常，线上系统的负载压力是不稳定的，有时为了更好地模拟线上访问压力，也会不断调整压测线程数，在不稳定的并发压力下测试系统的稳定性。

28.3　性能优化

一个系统是由若干部分构成的，程序只是这个系统的一小部分，因此进行性能优化的时候也需要从系统的角度出发，综合考虑优化方案。

性能优化的最终目的是让用户有更好的性能体验，所以最直接的性能优化其实是优化用户体验。同样 500ms 的响应时间，如果收到全部响应数据后才开始显示给用户，相比收到部分数据就开始显示，用户体验是完全不一样的。同样，在等待响应结果时，只显示一个空白页面和一个进度条，用户对性能的感受也是完全不同的。

用户体验优化属于主观的性能优化，而优化性能指标则属于客观的性能优化，进行客观的性能优化时，需要从系统的角度全方位考虑系统的各个方面。从系统的宏观层面来看，可以在七个层面进行性能优化。

28.3.1　第一层：数据中心优化

首先是数据中心性能优化。我们开发的软件是部署在数据中心的，对于一个全球访问的互联网应用而言，如果只有一个数据中心，那么最远的用户要访问这个数据中心时，即使以光速进行网络通信，一次请求响应的网络通信时间也需要 130ms 以上。这已经是人类可以明显感受到的响应延迟了。

所以，现在大型的互联网应用基本都采用的是多数据中心方案，即在全球各个主要区域都部署自己的数据中心，就近为区域用户提供服务，加快响应速度。

28.3.2　第二层：硬件优化

本书在第 21 章讲分布式架构时，就对比分析了垂直伸缩和水平伸缩这两种架构方案。事实上，即便使用水平伸缩，在分布式集群服务器内部，依然可以使用垂直伸缩来优化服务器的硬件能力。有时，硬件能力的提升对系统性能的影响是巨大的。

我在做 Apache Spark 性能优化时发现，网络通信是整个计算作业的一个重要瓶颈点，如图 28-2 所示。

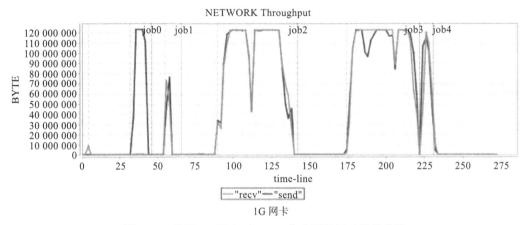

图 28-2　使用 1G 网卡时 Spark 作业网络吞吐性能曲线

我们看到，在使用 1G 网卡的情况下，某些计算阶段的网络通信开销时间需要 50s 以上。如果用软件优化的方法进行数据压缩，一方面提升有限，另一方面还需要消耗大量 CPU 资源，使 CPU 资源成为瓶颈。

后来，选择通过硬件升级的办法进行优化，使用 10G 网卡替换 1G 网卡，网络通信时间消耗得到了极大改善，如图 28-3 所示。

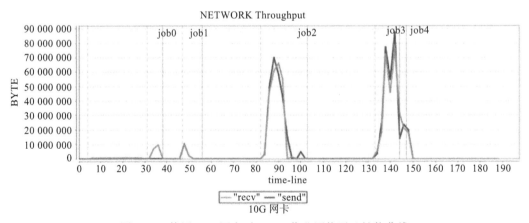

图 28-3　使用 10G 网卡时 Spark 作业网络吞吐性能曲线

原来需要 50s 以上的通信时间，经过优化以后，现在只需要 10s 左右就可以完成，整个作业计算时间也大大缩短。可见，硬件优化效果明显。

28.3.3　第三层：操作系统优化

不同的操作系统以及操作系统内的某些特性也会对软件性能有重要影响。还是以 Spark 性能优化为例，在分析作业运行期 CPU 消耗数据时，我发现在分布式计算的某些服务器上，操作系统自身消耗的 CPU 占比特别高，如图 28-4 所示。

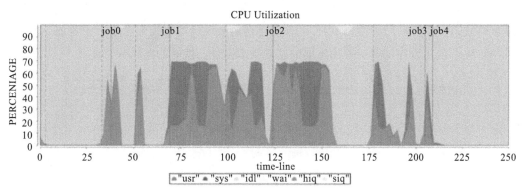

图 28-4　Spark 作业运行期 CPU 性能曲线

图中蓝色部分（见彩插）是系统占用 CPU，红色部分是 Spark 程序占用 CPU，某些时候系统占用 CPU 比 Spark 程序占用 CPU 还高。经过分析发现，在某些版本的 Linux 中，transparent huge page 这个参数是默认打开的，导致系统占用 CPU 过高。关闭这个参数后，系统 CPU 占用下降，整个计算时间也大幅缩短了，如图 28-5 所示。

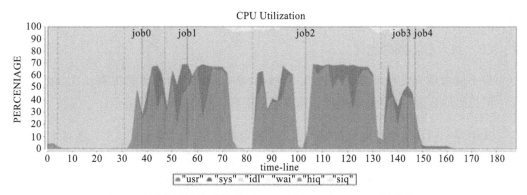

图 28-5　操作系统参数优化后 Spark 作业运行期 CPU 性能曲线

28.3.4　第四层：虚拟机优化

使用 Java 这样的编程语言开发的系统是需要运行在 JVM 虚拟机里的，虚拟机的性能对系统性能也有较大影响，特别是垃圾回收，可能会导致应用程序出现长时间的卡顿。本书第 4 章曾经讨论过不同垃圾回收器算法对应用程序性能的影响。

28.3.5　第五层：基础组件优化

在虚拟机之下应用程序之上，还需要依赖各种基础组件，比如 Web 容器、数据库连接池和 MVC 框架等。这些基础组件的性能也会对系统性能有较大影响。如图 28-6 所示，同一个 Web 应用程序部署、使用不同的基础技术组件，性能的差异非常大。

部署方式	并发	TPS	响应时间(MS)	Load	Cpu%	Swap in/out
jboss-4.0.5.GA+ apache-2.0.61+ mod_jk+ DBCP1.2.2	20	16.683	1143	2.706	9.692	无
jetty7.1.5+ apache2.2.15+ mod_jk+ DBCP1.2.2	20	46.918	400	4.726	23.448	无
jetty7.1.5+ apache2.2.15+ mod_jk+ DBCP1.4	20	89.095	224	11.991	49.797	无
jetty7.1.5+ apache2.2.15+ mod_proxy+ DBCP1.4	20	86.41	231	12.737	50.68	无

图 28-6　不同基础技术组件对应用程序性能的影响

28.3.6　第六层：架构优化

本书前面章节已经讨论过很多个用来提升系统性能的技术架构方案。比较常用的、能立竿见影地见到性能优化效果的架构方案有缓存、消息队列和集群。

❑ 缓存：通过从缓存读取数据，加快响应时间，减少后端计算压力。缓存主要是提升读的性能。

❑ 消息队列：通过将数据写入消息队列，异步进行计算处理，提升系统的响应时间和处理速度。消息队列主要是提升写的性能。

❑ 集群：将单一服务器进行伸缩，构建成一个集群完成同一种计算任务，从而提高系统在高并发压力时的性能。各种服务器都可以构建集群，如应用集群、缓存集群、数据库集群，等等。

28.3.7 第七层: 代码优化

通过各种编程技巧和设计模式提升代码的执行效率也是我们最能控制的一个性能优化方法。使用合理的数据结构优化性能，编写性能更好的 SQL 语句以及使用更好的数据库访问方式，实现异步 I/O 与异步方法调用，避免不必要的阻塞等，这些都是代码优化的具体技巧。这些内容在本书第一部分有过讨论。

此外，还可以使用线程池、连接池等对象池化技术复用资源，减少资源的创建。当然最重要的还是利用各种设计模式和设计原则，开发清晰、易维护的代码。

28.4 小结

进行性能优化，首先要进行性能测试，之后根据测试结果进行性能分析，寻找性能的瓶颈点，然后针对瓶颈进行优化，优化完成后继续进行性能测试，观察性能是否有所改善、是否达到预期的性能目标，如果没有达到目标，继续分析新的瓶颈点，如此不断迭代优化。

了解系统的性能指标才能有目标地进行性能优化。此外，还要了解系统的内部结构，这样才能分析出引起性能问题的原因所在，并且能够解决问题。

因此，性能优化是对架构师技能和经验的全面挑战，是架构师的必备技能之一。

第 29 章

高可用架构
淘宝应用升级时，为什么没有停机

十几年前，我参加阿里巴巴面试的时候，觉得阿里巴巴这样的 Web 应用开发简直是小菜一碟，因为我之前是做类似 Tomcat 这样的 Web 容器开发的，所以面试的时候信心满满。确实，面试官前面提的问题都是关于数据结构、操作系统、设计模式的，也就是本书前半部分的内容。我感觉自己回答得还不错，所以更加信心满满。这时候，面试官忽然提了一个问题：我们的 Web 程序每个星期都会发布一个新版本，但是程序要求 7×24 小时可用，也就是说，启动新版本程序替换老程序、进行程序升级时，程序还在对外提供服务，用户不会感觉到，我们是怎么做到的呢？

应用程序升级必须要用新版本的程序包替代老版本的程序包，并重新启动程序。这段时间，程序是不能对外提供服务的，用户请求一定会失败。但是阿里巴巴让这段时间的用户请求依然是成功的。打个比方，就是要让飞机在飞行过程中更换发动机，还不能让乘客感觉到。这个问题当时完全不在我的知识范围之内，但是我知道这个需求场景是真实存在的，而且确实是可以做到的。

面试官看我瞠目结舌，笑着问我想不想知道答案。我立刻回答说想知道，结果面试官对我说，加入我们团队你就知道了。

这其实是一个关于互联网应用可用性的问题。我们知道，Web 应用在各种情况下都有可能不可访问，也就是不可用。各种硬件故障，比如，应用服务器及数据库宕机、网络交换机宕机、磁盘损坏、网卡松掉，等等；还有各种软件故障，如程序 bug 等。即使没有 bug，程序要升级，也必须关闭进程，待升级完成重新启动，这段时间内应用也是不可用的；此外，还有外部环境引发的不可用，比如促销引来大量用户访问，导致系统并发压力太大而崩溃，以及黑客攻击、机房火灾、挖掘机挖断光缆等各种情况导致的应用不可用。

而互联网的高可用是说，在上面所说的各种情况下，应用都是随时可用的，用户都能够正常访问系统，完成业务处理。

这看起来似乎是不可能完成的任务。

29.1　高可用的度量

首先我们来看应用高可用的概念，以及可用性的度量方法。业界通常用 9 的个数来说明互联网应用的可用性。比如，淘宝的可用性是 4 个 9，就是说淘宝的服务 99.99% 可用。也就是说，淘宝的服务要保证在所有的运行时间里只有 0.01% 不可用，即一年大概有 53 分钟不可用。这个 99.99% 就叫作系统的可用性指标，这个值的计算公式是：

$$可用性 = （1 - 年度不可用时间 \div 年度总时间）\times 100\%$$

一般来说，两个 9 表示系统基本可用，年度不可用时间小于 88 小时；3 个 9 是较高可用，年度不可用时间小于 9 个小时；4 个 9 是具有自动恢复能力的高可用，年度不可用时间小于 53 分钟；5 个 9 指极高的可用性，年度不可用时间小于 5 分钟。我们熟悉的互联网产品的可用性大多是 4 个 9。淘宝、百度、微信几乎都是如此。

下面我们会讨论各种高可用技术方案，但不管是哪种方案，实现高可用需要投入的技术和设备成本都非常高。因此可用性并不是越高越好，而是要根据产品策略寻找高可用投入产出的最佳平衡点，像支付宝这样的金融产品就需要具有更高的可用性，微博的可用性要求则相对低一些。

可用性指标是对系统整体可用性的度量。在互联网企业中，为了更好地管理系统的可用性，清楚地界定系统故障以后的责任，通常会用故障分进行管理。一般过程是，将系统可用性指标换算成故障分，这个故障分是整个系统的故障分，如 10 万分，然后根据各自团队、各个产品、各个职能角色承担责任的不同，把故障分下发给每个团队的每个人，也就是说每个工程师在年初的时候就会收到预计的故障分。然后每一次系统出现可用性故障时，都会进行故障考核，划定到具体的团队和责任人以后，会扣除他的故障分，具体见表 29-1。到了年底时，如果一个工程师的故障分为负分，那么，很有可能会影响他的绩效考核。

$$故障分 = 故障时间 \times 故障权重$$

表 29-1　故障分计分示例

分类	描述	权重
事故级故障	严重故障，网站整体不可用	100
A 类故障	网站访问不顺畅或核心功能不可用	20
B 类故障	非核心功能不可用，或核心功能少数用户不可用	5
C 类故障	以上故障以外的其他故障	1

29.2　高可用的架构

系统的高可用架构就是要在出现上述各种故障时，仍能保证系统正常提供服务，具体包含以下几种架构方案。其实，本书已经在前面几章中提到过这些架构方案，这里从高可用的视角重新审视一下这些架构是如何实现高可用的。

29.2.1　冗余备份

既然各种服务器故障是不可避免的，那么就得从架构设计入手来保证当服务器出现故障时，系统依然可以访问，也就是要实现服务器的冗余备份。

冗余备份是说，提供同一服务的服务器要存在冗余，即任何服务都不能只有一台服务器提供，服务器之间要互相进行备份。当任何一台服务器出现故障时，请求可以发送到备份的服务器去处理。这样，即使某台服务器失效，在用户看来系统依然是可用的。

本书介绍负载均衡架构时讨论了通过负载均衡服务器将多台应用服务器构成一个集群共同对外提供服务的方案，这样可以利用多台应用服务器的计算资源，满足高并发的用户访问请求。事实上，负载均衡还可以实现系统的高可用，如图 29-1 所示。

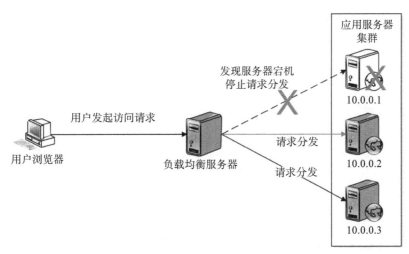

图 29-1   负载均衡服务器实现应用服务器集群高可用

负载均衡服务器通过心跳检测发现集群中某台应用服务器失效后，就不会再将请求分发给这台服务器，用户也就感觉不到有服务器失效，系统依然可用。

回到本章开头的问题，阿里巴巴就是用这种方法实现系统的高可用的。应用程序升级的时候，之所以停止应用进程也未影响用户访问，是因为应用程序部署在多台服务器上，升级时，每次只停止一台或者一部分服务器，这时集群中还有其他服务器在提供服务，因此用户感觉不到服务器已经停机了。

此外本书讨论数据存储架构时提到的数据库主主复制也是一种冗余备份。这时，不只是数据库系统 RDBMS 互相进行冗余备份，数据库里的数据也要进行冗余备份，一份数据存储在多台服务器里，以保证当任何一台服务器失效时数据库服务依然可以使用。

29.2.2   失败隔离

保证系统高可用的另一个策略是失败隔离，即将失败限制在一个较小的范围之内，使故障影响的范围不会扩大。实现失败隔离的主要架构技术是消息队列。

一方面，消息的生产者和消费者通过消息队列进行隔离。如果消费者出现故障，生产者可以继续向消息队列发送消息，而不会感知消费者的故障，等消费者恢复正常以后再去消息队列中消费消息，所以从用户处理的视角看，系统一直是可用的。

发送邮件消费者出现故障时不会影响生产者应用的运行，也不会影响发送短信等其他消费者的正常运行，如图 29-2 所示。

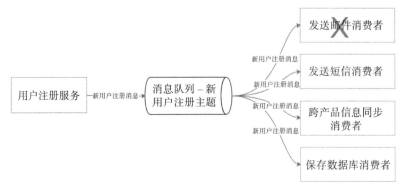

图 29-2　使用消息队列实现失败隔离

另一方面，由于分布式消息队列具有削峰填谷的作用，因此在高并发状态下，消息的生产者可以将消息缓冲在分布式消息队列中，消费者可以慢慢地从消息队列中去处理，而不会将瞬时的高并发负载压力直接施加到整个系统上，导致系统崩溃。也就是将压力隔离开来，使消息生产者的访问压力不会直接传递到消息的消费者，这样可以提高数据库等对压力比较敏感的服务的可用性。

同时，消息队列还能使程序解耦，将程序的调用和依赖隔离开来。我们知道，低耦合的程序更易于维护，也可以减少程序出现 Bug 的概率。

29.2.3　限流降级

限流和降级也是保护系统高可用的一种手段。在高并发场景下，如果系统的访问量超过了系统的承受能力，可以通过限流对系统进行保护。限流是指对进入系统的用户请求进行流量限制，如果访问量超过了系统的最大处理能力，就会丢弃一部分用户请求，保证整个系统可用，也保证大部分用户是可以访问系统的。这样虽然有一部分用户的请求被丢弃，产生了部分不可用，但还是好过整个系统崩溃以致所有的用户都不可用。

降级是保护系统的另一种手段。有些系统功能是非核心的，但是它也给系统造成了非常大的压力。比如，在电商系统中有"确认收货"这个功能，即便我们不去确认收货，系统也会超时自动确认收货。

但实际上"确认收货"这个操作是一个"非常重"的操作，因为它会对数据库产生很大的压力，它要执行更改订单状态、完成支付确认并进行评价等一系列操作。如果在系统高并发时去完成这些操作，对系统来说就是雪上加霜，会使系统的处理能力更加恶化。

解决办法就是在系统高并发的时候关闭非核心功能，比如淘宝双 11，当天可能系统整天都处于极限的高并发访问压力下，这时就可以将确认收货、评价这些非核心功能关闭，将宝贵的系统资源留下来给正在购物的人，让他们去完成交易。

29.2.4 异地多活

前面提到的各种高可用策略都是针对一个数据中心内的系统架构，针对服务器级别的软硬件故障而言的。但如果整个数据中心都不可用，比如，数据中心所在城市遭遇了地震、机房遭遇了火灾或者停电，那么不管我们前面的设计使得系统多么的高可用，此时它依然是不可用的。

为了解决这个问题，同时也为了提高系统的处理能力并改善用户体验，很多大型互联网应用都采用了异地多活的多机房架构策略。也就是说，将数据中心分布在多个不同地点的机房里，这些机房都可以对外提供服务，用户可以连接任何一个机房进行访问，这样每个机房都可以提供完整的系统服务，即使某一个机房不可用，系统也不会宕机，依然会保持可用状态。

异地多活的架构考虑的重点是用户请求如何分发到不同的机房去，这主要是在解析域名的时候完成的，也就是用户进行域名解析时，会根据就近原则或者其他一些策略完成用户请求的分发。还有一个至关重要的技术点是，因为多个机房都可以独立对外提供服务，所以也就意味着每个机房都要有完整的数据记录。可见，用户在任何一个机房完成的数据操作都必须同步传输给其他机房，进行数据实时同步。

数据库实时同步最需要关注的就是数据冲突问题。同一条数据同时在两个数据中心被修改了，该如何解决？为了解决这种数据冲突问题，某些容易引起数据冲突的服务采用了类似 MySQL 的主主模式，也就是说多个机房在某个时刻是有一个主机房的，某些请求只能到达主机房才能被处理，其他机房不处理这一类请求，以此来避免关键数据的冲突。

29.3 小结

除了以上的高可用架构方案外，还有一些高可用的运维方案，比如通过自动化测试减少系统的 Bug；通过自动化监控尽早发现系统故障；通过预发布验证发现测试环境无法发现的 Bug；灰度发布降低软件错误带来的影响以及评估软件版本升级带来的业务影响，等等。

其中，预发布验证就是将一台线上生产环境的服务器当作预发布服务器，在进行应用升级时，先在预发布服务器上进行升级。软件工程师访问这台服务器，验证系统正常后，再发布到其他服务器上，如图 29-3 所示。

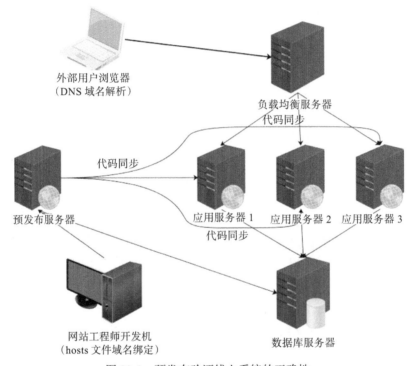

图 29-3　预发布验证线上系统的正确性

发布在这台预发布服务器上的应用，即使存在 Bug，外部用户也不会感觉到，因为预发布服务器没有配置到负载均衡服务器中，用户请求不会被分发到预发布服务器上。而那些在测试和开发环境都无法验证的 Bug，则可以在预发布服务器上发现。比如，第三方的服务调用、线上的配置参数、数据库表结构变更，等等。

第 30 章

安全性架构
为什么说用户密码泄露是程序员的问题

系统安全是一个老生常谈又容易被忽视的问题，往往只有在系统被攻击，数据泄露时，大家才会关注软件安全问题。互联网应用要向全球用户提供服务，让他们在任何地方都可以访问互联网应用，这也使得恶意的用户可以在世界任何地方对互联网系统发起攻击，可见，互联网系统具有天然的脆弱性。

在互联网各种安全问题中，最能引发话题、刺激大众神经的就是用户密码泄露。数据库被拖库导致所有的数据泄露，这种系统安全问题涉及的因素有很多，大部分都和开发软件的程序员没有关系。但是因为数据库被拖库，黑客直接获得了用户密码等敏感信息，导致用户密码泄露就是程序员的责任了。

30.1 数据加密与解密

通过对用户密码、身份证号、银行卡号等敏感数据加密来保护数据安全，是软件安全性架构的一部分，是程序员和架构师的责任。

在软件开发过程中，主要使用的加密方法有三种：单向散列加密、对称加密和非对称加密。

1. 单向散列加密

用户密码加密通常使用的是单向散列加密。单向散列加密是指对一串明文信息进行散列（Hash）加密，得到的密文信息是不可以被解密的。也就是说给定一个密文，即使是加密者也无法知道它的明文是什么，加密是单向的，不支持解密，如图 30-1 所示。

图 30-1　单项散列加密

事实上，单向散列加密是一种 Hash 算法。我们熟悉的 MD5 算法就是一种单向散列加密算法，单向散列算法虽然无法通过对密文进行解密计算来还原得到原始明文，但如果知道了算法，就可以通过彩虹表的方法进行破解。彩虹表是常用明文和密文的映射表，比如，很多人喜欢将生日作为密码，其实生日的组合是非常有限的，轻易就可以建一个生日和密文的映射表。如果黑客得到了密文，可以通过查表的方法得到密码明文。

因此在实践中，使用单向散列算法加密，还需要在计算过程中加点"盐"（salt），如果黑客不知道加的"盐"是什么，就无法建立彩虹表，亦无法还原得到明文。

单向散列加密的主要应用场景就是用户密码加密。加密和密码校验过程如图 30-2 所示。

用户在注册时需要输入密码，应用服务器得到密码以后，调用单向散列加密算法对密码进行加密，然后将加密了的密文存储到数据库中。用户下一次登录的时候，在客户端依然需要输入密码，而用户输入的密码发送到 Web 服务器以后，Web 服务器会对输入的密码再进行一次单向散列加密，得到密文后和从数据库中取出来的密文进行对比，如果两个密文是相同的，那么用户的登录验证就是成功的。通过这种手段，可以保证用户密码的安全性，即使数据库被黑客拖库，也不会泄露用户密码。

密码加密的时候也需要加点"盐"，每个用户加密的"盐"都可以不同，比如，以用户的 ID 作为"盐"，也就是说，加密时将明文（密码）和用户 ID 一起拼接起来进行加密，这样得到的密文更加难以破解。

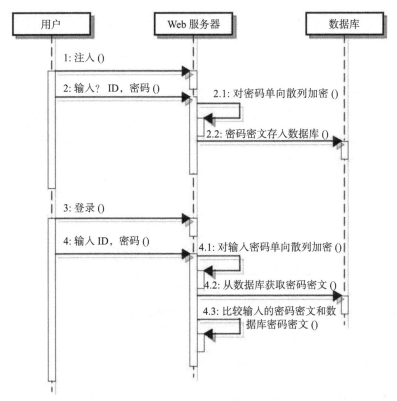

图 30-2　使用单向散列加密对用户密码进行加密及登录验证

2. 对称加密

另一种加密手段是对称加密。对称加密就是使用一个加密算法和一个密钥，对一段明文进行加密以后得到密文。使用相同的密钥和对应的解密算法，对密文进行解密，即可计算得到明文。对称加密主要用于加密一些敏感信息，方便信息传输和存储，但是在使用的时候必须要解密得到明文信息的一些场景，如图 30-3 所示。

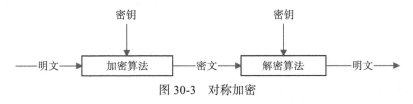

图 30-3　对称加密

比如很多互联网电商网站支持用户使用信用卡进行支付，但如果直接把信用卡号、有效期、安全码存储在数据库中是比较危险的，所以必须对这些信息进行加密，在数据库中存储密文。但是在使用时又必须对密文进行解密，还原得到明文才能够正常使用。

这个时候就要使用对称加密算法，在存储时使用加密算法进行加密，在使用时使用解密算法进行解密。

3. 非对称加密

还有一种加密称作非对称加密，是指使用一个加密算法和一个加密密钥进行加密，得到相应的密文。在解密的时候，必须使用解密算法和解密密钥进行解密才能还原得到明文。加密密钥和解密密钥完全不同，通常加密密钥被称作公钥，解密密钥被称作私钥，如图 30-4 所示。

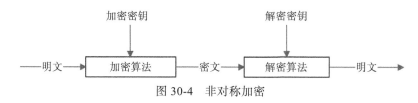

图 30-4　非对称加密

非对称加密的典型应用场景就是我们常见的 HTTPS。用户在客户端进行网络通信时，对数据使用加密密钥（即公钥）和加密算法进行加密，得到密文。到了数据中心的服务器以后，使用解密密钥（即私钥）和解密算法进行解密，得到明文。

由于非对称加密需要消耗的计算资源比较多，效率也比较低，HTTPS 并不是每次请求响应都用非对称加密，而是先利用非对称加密在客户端和服务器之间交换一个对称加密的密钥，然后每次请求响应都用此对称加密。这样即可用非对称加密保证对称加密密钥的安全，再用对称加密密钥保证请求响应数据的安全。

使用非对称加密还可以实现数字签名。用数字签名的情形与上述过程恰好相反，自己用私钥进行加密，得到一个密文，但是其他人可以用公钥将密文解开，因为私钥只有自己才拥有，所以等同于签名。一段经过自己私钥加密后的文本，文本内容就等于是自己签名认证过的。在后面要讨论的区块链架构中，交易就是使用非对称加密进行签名的。

30.2　HTTP 攻击与防护

互联网应用对外提供服务主要就是通过 HTTP 协议实现的，任何人都可以在任何地方通过 HTTP 协议访问互联网应用，因此 HTTP 攻击是黑客攻击行为中门槛最低的方式，也是最常见的一种互联网攻击方式。而在 HTTP 攻击中，最常见的是 SQL 注入攻击和 XSS 攻击。

30.2.1　SQL 注入攻击

SQL 注入攻击是指攻击者在提交的请求参数里面掺杂了恶意的 SQL 脚本，以达到攻击的目的，如图 30-5 所示。

2 在数据库中执行如下 SQL，users 表被删除
Select * from users where username='Frank';drop table users;--';

1 攻击者发送含有恶意 SQL 命令的 http 请求，如：

http://www.a.com?username=Frank';drop table users;--

攻击者

图 30-5　SQL 注入攻击

如果在 Web 页面中有个输入框，要求用户输入姓名，普通用户输入名字 Frank 后，提交的 HTTP 请求如下：

```
http://www.a.com?username=Frank
```

服务器在处理计算后，向数据库提交的 SQL 查询命令如下：

```
Select id from users where username='Frank';
```

但是恶意攻击者可能会提交这样的 HTTP 请求：

```
http://www.a.com?username=Frank';drop table users;--
```

即输入的 username 是：

```
Frank';drop table users;--
```

这样，服务器在处理后生成的 SQL 是如下形式的：

```
Select id from users where username='Frank';drop table users;--';
```

事实上，这是两条 SQL，一条 select 查询 SQL，一条 drop table 删除表 SQL。数据库在执行完查询后，就将 users 表删除了，系统也就崩溃了。

SQL 注入攻击在本书第 6 章曾进行介绍，最有效的防攻击手段是 SQL 预编译。对于 Java 开发，最好使用 PrepareStatement 提交 SQL；而 MyBatis 等 ORM 框架主要的 SQL 提交方式就是用 PrepareStatement。

30.2.2 XSS 攻击

XSS 攻击即跨站点脚本攻击，攻击者构造恶意的浏览器脚本文件，使其在其他用户的浏览器上运行，进而进行攻击，如图 30-6 所示。

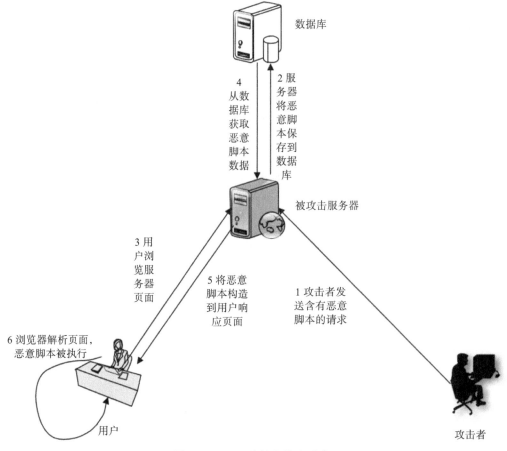

图 30-6 XSS 跨站点脚本攻击

攻击者发送一个含有恶意脚本的请求给被攻击的服务器，比如，通过发布微博的方式向微博的服务器发送恶意请求，被攻击的服务器将恶意脚本存储到本地数据库中，其他正常用户通过被攻击的服务器浏览信息时，服务器会读取数据库中含有恶意脚本的数据，并将其展现给正常的用户，且在正常用户的浏览器上执行，从而达到攻击的目的。

防御 XSS 攻击的主要手段是消毒，即检查用户提交的请求中是否含有可执行的脚本，因为大部分的攻击请求都包含 JS 等脚本语法，所以可以通过 HTML 转义的方式，对有危险的脚本语法关键字进行转义。比如，把 ">" 转义为 "&gt"，虽然 HTML 显示的时候还是正常的 ">"，但是这样的脚本无法在浏览器上执行，也就无法达到攻击的目的。

由于 HTTP 攻击必须以 HTTP 请求的方式提交到服务器，因此可以在服务器的入口统一进行拦截，对含有危险信息的请求，比如 drop table、JS 脚本等，进行消毒转义，或者直接拒绝请求。即设置一个 Web 应用防火墙，将危险请求隔离。

针对 Web 应用防火墙，可以自己开发一个统一的请求过滤器进行拦截，也可以使用 ModSecurity（http://www.modsecurity.org/）这样的开源 WAF（Web Application Firewall）。

30.3　小结

硬件指令和操作系统可能会有漏洞，我们使用的各种框架和 SDK 可能也会有漏洞，这些漏洞从被发现到被公开，再到官方修复，可能会经过一段或长或短的时间，在此期间，如果黑客掌握了这些漏洞，就有可能会攻击系统。

这种漏洞在官方修复之前，我们基本没有办法应对。但是黑客攻击也不是无意义的攻击，他们通常是为了各种利益而来，很多时候是针对数据而来，因此做好数据加密存储与传输至关重要，即使是数据泄露了，黑客也无法对数据解密并利用数据获利，这样就可以保护我们的数据资产。

此外，我们还应加强请求的合法性检查，避免主要的 HTTP 攻击，及时更新生产环境的各种软件版本，修复安全漏洞，提高黑客攻击的难度，使其投入产出不成比例，从而营造一个相对安全的生产环境。

第 31 章

大数据架构
思想和原理

回顾软件开发技术的发展历程就会发现，任何新技术都不是凭空产生的，都是在既有技术的基础之上进行了一些创新性的组合扩展，再应用到一些合适的场景之中，然后爆发出巨大生产力的。本书后面几章要介绍的大数据技术、区块链技术都是如此。

大数据技术其实是分布式技术在数据处理领域的创新性应用，其本质和此前讲到的分布式技术思路一脉相承，即用更多的计算机组成一个集群，提供更多的计算资源，从而满足更大的计算压力要求。

前面在讲解各种分布式缓存、负载均衡、分布式存储等方案时都是在讨论如何在高并发的访问压力下，利用更多的计算机满足用户的请求访问压力。而大数据技术讨论的是，如何利用更多的计算机满足大规模的数据计算要求。

大数据就是将各种数据统一收集起来进行计算，发掘其中的价值。这些数据，既包括数据库的数据，也包括日志数据，还包括专门采集的用户行为数据；既包括企业内部自己产生的数据，也包括从第三方采购的数据，还包括使用网络爬虫获取的各种互联网公开数据。

面对如此庞大的数据，如何存储、如何利用大规模的服务器集群处理计算才是大数据技术的核心。

31.1　HDFS 分布式文件存储架构

大规模的数据计算首先要解决的是大规模数据的存储问题。如何将数百 TB 或数百 PB 的数据存储起来，通过一个文件系统统一管理，这本身就是一项极大的挑战。

本书第 5 章曾经讨论过 HDFS 的架构，如图 31-1 所示。

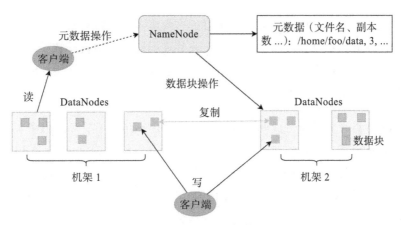

图 31-1　HDFS 架构

HDFS 可以将数千台服务器组成一个统一的文件存储系统，其中 NameNode 服务器充当文件控制块的角色，进行文件元数据管理，即记录文件名、访问权限、数据存储地址等信息，而真正的文件数据则存储在 DataNode 服务器上。

DataNode 以块为单位存储数据，所有的块信息，比如块 ID、块所在的服务器 IP 地址等，都记录在 NameNode 服务器上，而具体的块数据则存储在 DataNode 服务器上。理论上，NameNode 可以将所有 DataNode 服务器上的所有数据块都分配给一个文件，也就是说，一个文件可以使用所有服务器的硬盘存储空间。

此外，HDFS 为了保证不会因为硬盘或者服务器损坏而导致文件损坏，还会对数据块进行复制，每个数据块都会存储在多台服务器上，甚至多个机架上。

31.2 MapReduce 大数据计算架构

数据存储在 HDFS 上的最终目标还是为了计算，通过数据分析或者机器学习获得有益的结果。但是如果像传统的应用程序那样把 HDFS 当作普通文件，从文件中读取数据后进行计算，那么对于需要一次计算数百 TB 数据的大数据计算场景，就不知道要算到什么时候了。

大数据处理的经典计算框架是 MapReduce。MapReduce 的核心思想是对数据进行分片计算。既然数据是以块为单位分布存储在很多台服务器组成的集群上的，那么能不能就在这些服务器上针对每个数据块进行分布式计算呢？

事实上，MapReduce 可以在分布式集群的多台服务器上启动同一个计算程序，每个服务器上的程序进程都可以读取本服务器上要处理的数据块进行计算，因此，大量的数据就可以同时进行计算了。但是这样一来，每个数据块的数据都是独立的，如果这些数据块需要进行关联计算怎么办？

MapReduce 将计算过程分成两个部分：一部分是 map 过程，每个服务器上会启动多个 map 进程，map 优先读取本地数据进行计算，计算后输出一个 <key, value> 集合；另一部分是 reduce 过程，MapReduce 在每个服务器上都会启动多个 reduce 进程，然后对所有 map 输出的 <key, value> 集合进行 shuffle 操作。所谓的 shuffle 就是将相同的 key 发送到同一个 reduce 进程中，在 reduce 中完成数据关联计算。

下面以经典的 WordCount，即统计所有数据中相同单词的词频数据为例，来认识 map 和 reduce 的处理过程，如图 31-2 所示。

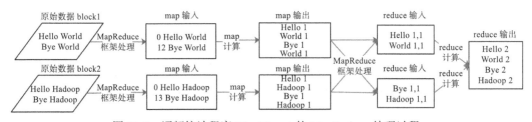

图 31-2 词频统计程序 WordCount 的 MapReduce 处理过程

假设原始数据有两个数据块，MapReduce 框架启动了两个 map 进程进行处理，它们分别读入数据。map 函数会对输入数据进行分词处理，然后针对每个单词输出 < 单词，1> 这样的 <key, value> 结果。然后 MapReduce 框架进行 shuffle 操作，相同的 key 发送给同一个 reduce 进程，reduce 的输入就是 <key, value 列表 > 这样的结构，即相同 key 的

value 合并成了一个 value 列表。

在这个示例中，这个 value 列表就是由很多个 1 组成的列表。reduce 对这些 1 进行求和操作，就得到每个单词的词频结果了。

具体的 MapReduce 程序如下：

```
public class WordCount {

    public static class TokenizerMapper
        extends Mapper<Object, Text, Text, IntWritable>{

    private final static IntWritable one = new IntWritable(1);
    private Text word = new Text();

    public void map(Object key, Text value, Context context
                    ) throws IOException, InterruptedException {
        StringTokenizer itr = new StringTokenizer(value.toString());
        while (itr.hasMoreTokens()) {
          word.set(itr.nextToken());
          context.write(word, one);
          }
      }

    public static class IntSumReducer
        extends Reducer<Text,IntWritable,Text,IntWritable> {
    private IntWritable result = new IntWritable();

    public void reduce(Text key, Iterable<IntWritable> values,
                       Context context
                        ) throws IOException, InterruptedException {
        int sum = 0;
        for (IntWritable val : values) {
          sum += val.get();
        }
        result.set(sum);
        context.write(key, result);
    }
}
```

上面讲述了 map 和 reduce 进程合作完成数据处理的过程，那么这些进程是如何在分布式的服务器集群上启动的呢？数据是如何流动并最终完成计算的呢？下面以 MapReduce1 为例来看这个过程，如图 31-3 所示。

MapReduce1 主要有 JobTracker 和 TaskTracker 这两种进程角色，JobTracker 在 MapReduce 集群中只有一个，而 TaskTracker 则和 DataNode 一起启动在集群的所有服务器上。

MapReduce 应用程序 JobClient 启动后，会向 JobTracker 提交作业，JobTracker 根据作业中输入的文件路径分析需要在哪些服务器上启动 map 进程，然后就向这些服务器上的 TaskTracker 发送任务命令。

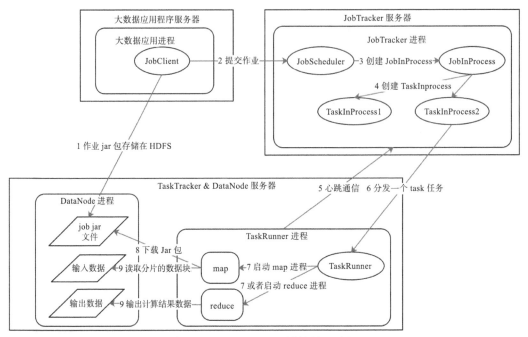

图 31-3　MapReduce1 计算处理过程

TaskTracker 收到任务后，启动一个 TaskRunner 进程下载任务对应的程序，然后反射加载程序中的 map 函数，读取任务中分配的数据块，并进行 map 计算。map 计算结束后，TaskTracker 会对 map 输出进行 shuffle 操作，然后 TaskRunner 加载 reduce 函数进行后续计算。

HDFS 和 MapReduce 都是 Hadoop 的组成部分。

31.3　Hive 大数据仓库架构

MapReduce 虽然只有 map 和 reduce 这两个函数，但几乎可以满足任何大数据分析和机器学习的计算场景。不过，复杂的计算可能需要使用多个 job 才能完成，这些 job 之间还需要根据其先后依赖关系进行作业编排，开发比较复杂。

传统上，主要使用 SQL 进行数据分析，如果能根据 SQL 自动生成 MapReduce，就可以极大降低大数据技术在数据分析领域的应用门槛。

Hive 就是这样一个工具。我们来看对于如下一条常见的 SQL 语句，Hive 是如何将其转换成 MapReduce 计算的。

```
SELECT pageid, age, count(1) FROM pv_users GROUP BY pageid, age;
```

这是一条常见的 SQL 统计分析语句，用于统计不同年龄的用户访问不同网页的兴趣偏好，具体数据输入和执行结果示例如图 31-4 所示。

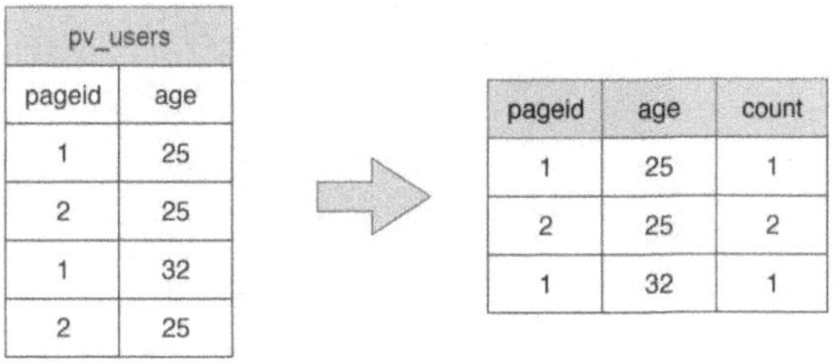

图 31-4　SQL 统计分析输入数据和执行结果举例

看这个示例我们就会发现，这个计算场景和 WordCount 很像。事实上也确实如此，我们可以用 MapReduce 完成这条 SQL 的处理，如图 31-5 所示。

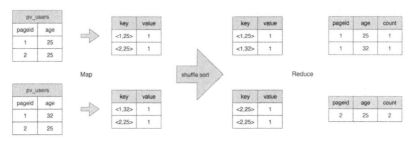

图 31-5　MapReduce 完成 SQL 处理过程举例

map 函数输出的 key 是表的行记录，value 是 1，reduce 函数对相同的行进行记录，也就是针对具有相同 key 的 value 集合进行求和计算，最终得到 SQL 的输出结果。

Hive 要做的就是将 SQL 翻译成 MapReduce 程序代码。实际上，Hive 内置了很多 Operator，每个 Operator 完成一个特定的计算过程，Hive 将这些 Operator 构造成一个有向无环图 DAG，然后根据这些 Operator 之间是否存在 shuffle 将其封装到 map 或者 reduce 函数中，之后就可以提交给 MapReduce 执行了。Operator 组成的 DAG 如图 31-6 所示，这是一个包含 where 查询条件的 SQL，where 查询条件对应一个 FilterOperator。

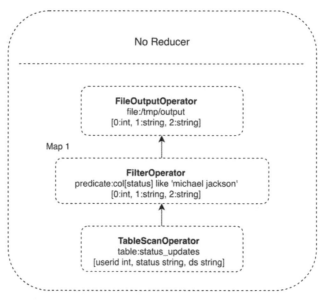

图 31-6 示例 SQL 的 MapReduce 有向无环图 DAG

Hive 整体架构如图 31-7 所示。Hive 的表数据存储在 HDFS。表的结构，比如表名、字段名、字段之间的分隔符等存储在 Metastore 中。用户通过 Client 提交 SQL 到 Driver，Driver 请求 Compiler 将 SQL 编译成如上示例的 DAG 执行计划中，然后交给 Hadoop 执行。

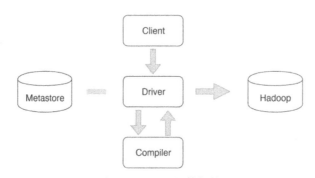

图 31-7 Hive 整体架构

31.4 Spark 快速大数据计算架构

MapReduce 主要使用硬盘存储计算过程中的数据，虽然可靠性比较高，但是性能却较差。此外，MapReduce 只能使用 map 和 reduce 函数进行编程，虽然能够完成各种大数据计算，但是编程比较复杂。而且受 map 和 reduce 编程模型相对简单的影响，复杂的计算必须组合多个 MapReduce job 才能完成，编程难度进一步增加。

Spark 在 MapReduce 的基础上进行了改进，它主要使用内存进行中间计算数据存储，加快了计算执行时间，在某些情况下性能可以提升上百倍。Spark 的主要编程模型是 RDD，即弹性数据集。在 RDD 上定义了许多常见的大数据计算函数，利用这些函数可以用极少的代码完成较为复杂的大数据计算。前面举例的 WorkCount 如果用 Spark 编程，只需要三行代码：

```
val textFile = sc.textFile("hdfs://...")
val counts = textFile.flatMap(line => line.split(" "))
                .map(word => (word, 1))
                .reduceByKey(_ + _)
counts.saveAsTextFile("hdfs://...")
```

首先，从 HDFS 读取数据，构建出一个 RDD textFile。然后，在这个 RDD 上执行三个操作：一是将输入数据的每一行文本用空格拆分成单词；二是将每个单词进行转换，比如 word → (word, 1)，生成 <Key, Value> 的结构；三是针对相同的 Key 进行统计，统计方式是对 Value 求和。最后，将 RDD counts 写入 HDFS，完成结果输出。

上面代码中 flatMap、map、reduceByKey 都是 Spark 的 RDD 转换函数，RDD 转换函数的计算结果还是 RDD，所以上面三个函数可以写在一行代码上，最后得到的还是 RDD。Spark 会根据程序中的转换函数生成计算任务执行计划，这个执行计划就是一个 DAG。Spark 可以在一个作业中完成非常复杂的大数据计算，Spark DAG 示例如图 31-8 所示。

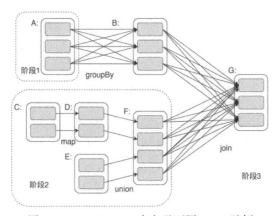

图 31-8　Spark RDD 有向无环图 DAG 示例

在图 31-8 中，A、C 和 E 是从 HDFS 上加载的 RDD。A 经过 groupBy 分组统计转换函数计算后得到 RDD B，C 经过 map 转换函数计算后得到 RDD D，D 和 E 经过 union 合并转换函数计算后得到 RDD F，B 和 F 经过 join 连接转换函数计算后得到最终结果 RDD G。

31.5　大数据流计算架构

Spark 虽然比 MapReduce 快很多，但是在大多数场景下计算耗时依然是分钟级别的，这种计算一般被称为大数据批处理计算。而在实际应用中，有些时候需要在毫秒级完成不断输入的海量数据的计算处理，比如实时对摄像头采集的数据进行监控分析，这就是所谓的大数据流计算。

早期比较著名的流式大数据计算引擎是 Storm，后来随着 Spark 的火爆，Spark 上的流式计算引擎 Spark Streaming 也逐渐流行起来。Spark Streaming 的架构原理是将实时流入的数据切分成小的一批一批的数据，然后将这些小的一批批数据交给 Spark 执行。由于数据量比较小，Spark Streaming 又常驻系统，不需要重新启动，因此可以在毫秒级完成计算，看起来像是实时计算一样，如图 31-9 所示。

图 31-9　Spark Streaming 流计算将实时流式数据转化成小的批处理计算

最近几年比较流行的大数据引擎 Flink 其架构原理和 Spark Streaming 很相似，它可以基于不同的数据源，根据数据量和计算场景的要求，灵活地适应流计算和批处理计算。

31.6　小结

大数据技术可以说是分布式技术的一个分支，两者都是面临大量的计算压力时，采用分布式服务器集群的方案解决问题。差别是大数据技术要处理的数据具有关联性，所以需要有个中心服务器进行管理，NameNode、JobTracker 都是这样的中心服务器。而高并发的互联网分布式系统为了提高系统可用性，降低中心服务器可能会出现的瓶颈压力、提升性能，通常不会在架构中使用这样的中心服务器。

第 32 章

AI 与物联网架构
从智能引擎到物联网平台

当人们说起大数据技术的时候，有可能会谈论以下几种差别很大的技术。

一种是大数据底层技术，指的是各种大数据计算框架、存储系统、SQL 引擎，等等。这些技术具有通用性，经过十几年的优胜劣汰，主流技术产品相对比较集中，主要就是第 31 章讨论的 MapReduce、Spark、Hive、Flink 等技术产品。

另一种是大数据平台技术。Spark、Hive 这些大数据底层技术产品不像前面讨论过的分布式缓存、分布式消息队列，在处理用户请求的应用中使用这些技术产品的 API 接口就可以了。大数据计算的数据通常不是用户请求的数据，计算时间也往往超过了一次用户请求响应能够接受的时间。但是大数据的计算结果又常常需要在用户交互的过程中直接呈现，比如电商常用的智能推荐，用户购买一个商品，系统就会向其推荐可能感兴趣的商品，这些推荐的商品就是大数据计算的结果。所以在互联网系统架构中，需要把处理用户请求的在线业务系统和大数据计算系统打通。这就需要一个大数据平台来完成。

此外，还有一种技术是数据分析与机器学习算法。上面提到的商品智能推荐就是这样一种算法，通过算法向用户呈现他感兴趣的商品，使互联网应用看起来好像拥有某种智能一样。

32.1 大数据平台架构

前面我们讨论过，大数据平台主要就是跨越需要长时间处理的大数据计算和需要实时响应的互联网应用之间的鸿沟，使系统成为一个完整的整体。

典型的大数据平台架构如图 32-1 所示。

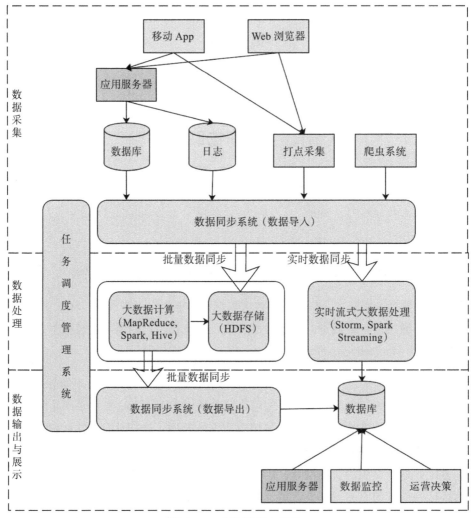

图 32-1 大数据平台架构

整个大数据平台可以分为三个部分：数据采集、数据处理和数据输出。

大数据平台首先要有数据，数据主要有两个来源：一方面是应用服务器以及前端

App 实时产生的数据、日志和埋点采集的数据；另一方面是外部爬虫爬取的数据和第三方数据。通过大数据平台的数据同步系统，这些数据导入 HDFS 中。

由于不同数据源的格式和存储系统不同，因此需要针对不同的数据源开发不同的同步系统。此外，为了能够更好地针对写入 HDFS 的数据进行分析和挖掘，还需要对这些数据进行清洗、转换，因此，数据同步系统实际上承担的是传统数据仓库 ETL 的职责，即数据的抽取（Extract）、转换（Transform）、载入（Load）。

写入 HDFS 的数据会被 MapReduce、Spark、Hive 等大数据计算框架执行；数据分析师、算法工程师提交 SQL 以及 MapReduce 或者 Spark 机器学习程序到大数据平台，这些程序会导致大数据平台的计算资源不足，因此需要在任务调度管理系统的调度下排队执行。

SQL 或者机器学习程序的计算结果写回 HDFS，再通过数据同步系统导出到数据库后，应用服务器就可以直接访问这些数据，在用户请求时为用户提供服务了，比如店铺访问统计数据或者智能推荐数据等。

有了大数据平台，用户产生的数据就会被大数据系统进行各种关联分析与计算，然后应用于用户请求处理。只不过这个数据可能是历史数据，比如淘宝卖家只能查看 24 小时前的店铺访问统计。

大数据计算也许需要几个小时甚至几天，但用户可能需要实时得到数据。比如，淘宝卖家想要看当前的访问统计，就需要用到大数据流计算了。来自数据源的数据实时进入大数据流计算引擎 Spark Streaming 等，进行实时处理后写入数据库。这样卖家既可以看到历史统计数据，又可以看到当前的统计数据。

32.2　智能推荐算法

大数据平台只是提供了数据获取、存储、计算、应用的技术方案，真正挖掘这些数据之间的关系让数据发挥价值的是各种机器学习算法。在这些算法中，最常见的当属智能推荐算法了。

我们在淘宝购物，在头条阅读新闻，在抖音刷短视频，背后其实都有智能推荐算法。这些算法不断分析、计算我们的购物偏好、浏览习惯，然后为我们推荐可能喜欢的商品、文章、视频。这些产品的推荐算法如此智能、高效，以至于我们常常一打开淘宝就买个不停，一打开抖音就停不下来。

下面通过几种简单的推荐算法来了解一下推荐算法背后的原理。

32.2.1 基于人口统计的推荐

基于人口统计的推荐是相对简单的一种推荐算法，它会根据用户的基本信息进行分类，然后将商品推荐给同类用户，如图 32-2 所示。

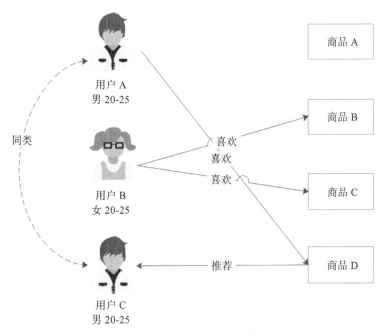

图 32-2　基于人口统计的推荐算法

用户 A 和用户 C 的年龄相近、性别相同，可以将他们划分为同类。用户 A 喜欢商品 D，因此推测用户 C 可能也喜欢这个商品，系统就可以将这个商品推荐给用户 C。

图 32-2 中的示例比较简单，在实践中，还应该根据用户收入、居住地区、学历、职业等各种因素对用户进行分类，以使推荐的商品更加准确。

32.2.2 基于商品属性的推荐

基于商品属性的推荐和基于人口统计的推荐相似，只是它是根据商品的属性进行分类，然后根据商品分类进行推荐的，如图 32-3 所示。

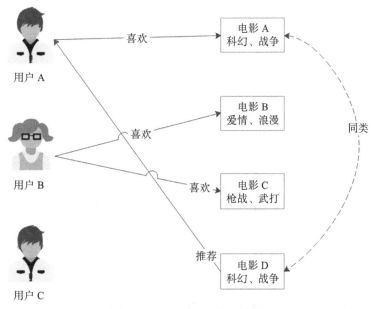

图 32-3　基于商品属性的推荐

电影 A 和电影 D 都是科幻、战争类型的电影，如果用户 A 喜欢电影 A，很有可能他也会喜欢电影 D，因此就可以给用户 A 推荐电影 D。

这和我们的生活常识也是相符合的。如果一个人连续看了几篇关于篮球的新闻，那么再给他推荐一篇篮球的新闻，他很大可能会有兴趣看。

32.2.3　基于用户的协同过滤推荐

基于用户的协同过滤推荐是根据用户的喜好进行用户分类，然后根据用户分类进行推荐，如图 32-4 所示。

这个示例中，用户 A 和用户 C 都喜欢商品 A 和商品 B，根据他们的喜好可以分为同类。用户 A 还喜欢商品 D，那么将商品 D 推荐给用户 C，他可能也会喜欢。

现实中，跟我们有相似喜好、品味的人也常常被我们当作同类，我们也愿意去尝试他们喜欢的其他东西。

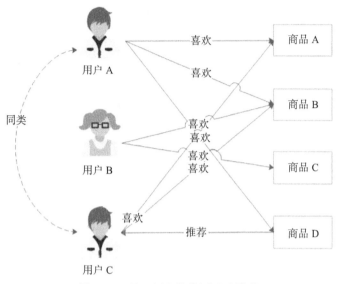

图 32-4　基于用户的协同过滤推荐

32.2.4　基于商品的协同过滤推荐

基于商品的协同过滤推荐则是根据用户的喜好对商品进行分类，然后根据商品分类进行推荐，如图 32-5 所示。

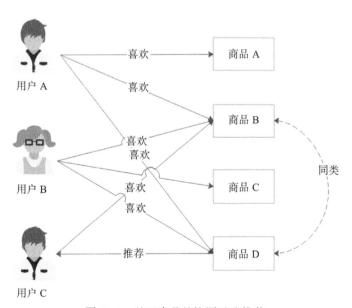

图 32-5　基于商品的协同过滤推荐

这个示例中，喜欢商品 B 的用户 A 和用户 B 都喜欢商品 D，那么商品 B 和商品 D 就可以分为同类。对于同样喜欢商品 B 的用户 C，很有可能也喜欢商品 D，就可以将商品 D 推荐给用户 C。

这里描述的推荐算法比较简单。事实上，要想做好推荐其实是非常难的，用户不要你觉得他喜欢，而要自己觉得喜欢。现实中，有很多智能推荐的效果并不好，被用户吐槽是"人工智障"。推荐算法的优化需要不断地收集用户的反馈，不断地迭代算法和升级数据。

32.3 物联网大数据架构

物联网的目标是万物互联，即将与我们的生产生活有关的一切事物都通过物联网连接起来。比如，家里的冰箱、洗衣机、扫地机器人、空调都可通过智能音响连接起来，汽车、停车场、交通信号灯都是通过交通指挥中心连接起来的。这些被连接的设备数据在经过分析计算后反馈给工厂、电厂、市政规划等生产管理部门，管理部门则据此控制生产投放。

物联网架构的关键是终端设备数据的采集、处理与设备的智能控制，关注的依然是数据的采集和计算，因此物联网架构的核心依然是大数据与 AI 算法，如图 32-6 所示。

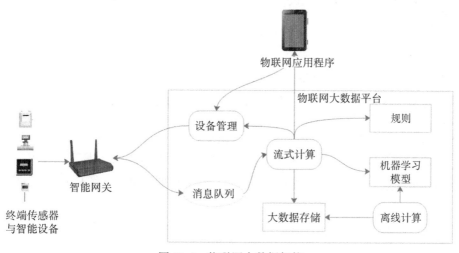

图 32-6 物联网大数据架构

终端设备负责采集现场数据，这些数据被汇总到智能网关，智能网关经过初步的转换、计算后将数据发送给物联网大数据平台，大数据平台则通过消息队列接收发送来的各种数据。

由于物联网终端设备在现场实时运行，需要实时控制，因此大数据平台也需要实时处理这些数据。大数据流计算引擎会从消息队列中获取数据并进行实时处理。

对于一些简单的数据处理来说，利用配置好的规则进行流式计算就可以了，复杂的处理还需要利用机器学习模型。机器学习模型是通过大数据平台离线计算得到的，而离线计算使用的数据则是流计算从消息队列中获取的。

流式计算的结果通常是终端设备的控制信息，这些信息通过设备管理组件发送给智能网关，智能网关通过边缘计算产生最终的设备控制信号，以此控制终端智能设备的动作。物联网管理人员也可以通过应用程序直接远程控制设备。

随着 5G 时代的到来，终端通信速度不断提升且费用不断下降，物联网一定会迎来更加快速的发展。

32.4　小结

很多学习大数据技术的人都是在学习大数据的应用。通常情况下，作为大数据技术的使用者，我们不需要开发 Hadoop、Spark 这类大数据底层技术产品，只需要使用、优化它们就可以了。

在大数据应用中，作为系统的开发者和架构师，需要开发的是大数据平台。大数据平台的各种子系统，比如数据同步、调度管理，虽然都有开源的技术可以选择，但是每家公司的大数据平台都是独一无二的，因此还是需要我们进行各种二次开发，最终实现平台的整合。

真正使数据发挥价值、使大数据平台产生效果的其实是算法，是算法发现了数据的关联关系，挖掘出了数据的价值。因此，我们应用大数据的同时也要关注大数据算法。

第 33 章

区块链技术架构
区块链到底能做什么

在我的职业生涯中，我经历过各种各样的技术创新，见识过各种技术的狂热风潮，也看过各种技术挫折，但从来没有一种技术能像区块链技术这样跌宕起伏，具有戏剧性，吸引各色人等。

区块链为什么能得到这么多的关注？它到底能做什么？它的技术原理是什么？又为何如此曲折？

让我们从区块链的起源——比特币说起。

33.1 比特币与区块链原理

2008 年 11 月，由中本聪设计开发的比特币正式上线运行。比特币是一种加密数字货币，价格最高的时候，每个比特币可兑换近两万美金。一个看不见、摸不着的数字货币为什么能得到这么多的拥护，价格被炒到这么高呢？

要了解比特币，让我们先来追溯一下传统的货币发行与交易系统。

　　传统的货币，也就是我们日常使用的钞票，是由各个国家的中央银行发行的。中央银行根据市场需求决定投放货币的数量，但是很多时候为了刺激经济发展，中央银行通常会额外多投放一些货币，这样就会出现钱越来越不值钱的情况，即通货膨胀。甚至有的时候，某些政府为了弥补自己的债务恶意超发货币，有的国家甚至发行过面额为 50 万亿的钞票，导致了恶性通货膨胀。

　　于是就有人想，能不能发行一种数量有限、不会膨胀的数字货币，通过互联网在全球范围内使用呢？其实发行数字货币容易，但是得到大家的认可却很难，而且货币在使用期间如何进行交易记账是个大问题。

　　传统上，如果通过互联网进行交易转账，必须通过银行或者支付宝这样的第三方。但是通过互联网发行的数字货币必然得不到法定货币的地位，也就不会被银行等官方机构认可。如果没有受信任的官方机构记账，又如何完成交易呢？

　　所以数字货币首先要解决的问题就是交易记账。比特币的主要思路是构建一个无中心、去信任的分布式记账系统。这个记账系统和传统的银行记账不同：银行的账本由银行自己管理，银行是记账的中心；而比特币则允许任何人参与记账，没有中心，完全分布式。

　　此外，传统的银行中心记账必须有个前提，就是交易者都相信银行，信任银行不会伪造、篡改交易。但是任何人都可以参与记账的比特币不可能得到所有人的信任，所以这个记账系统必须从设计上实现去信任，也就是不需要信任记账者的身份，却可以信任这个人记的账。

　　这些不合常理且听起来就难度重重的要求，正是通过区块链技术实现的。

33.1.1　交易

　　在比特币的交易系统中，所有交易的参与者都有一个钱包地址。事实上，这个钱包地址正是非对称加密算法中的公钥。进行交易的时候，交易的发起者需要将要交易的数字货币（一个 Hash 值）和交易的接受方用自己的钱包私钥进行签名。

　　记账者可以使用发起者的公钥对签名进行验证，保证交易是真正发起者提交的，而不是其他人伪造的，如图 33-1 所示。

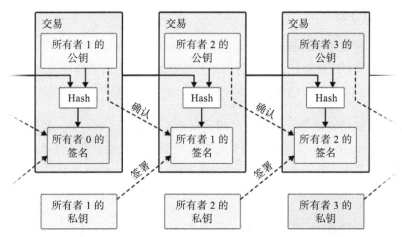

图 33-1 发起交易者对交易进行签名，避免交易伪造

33.1.2 区块链

交易签名只能保证交易不是他人伪造的，却不能阻止交易的发起者自己进行多重交易，即交易的发起者将一个比特币同时转账给两个人，也就是所谓的双花。

对于上述问题，比特币有自己的解决方案。记账者在收到若干交易后，会将这些交易打包在一起，形成一个区块（block）。区块必须严格按照顺序产生，因此，最新一个区块的记账者可以根据区块顺序得到此前所有的区块。这样，记账者就可以检查所有区块中的交易数据是否有双花发生。

为了保证区块的严格顺序，比特币在每个区块的头部记录了它的前一个区块，也就是前驱区块的 Hash 值，这样所有的区块就构成了一个链。单向链表是有严格顺序的。

通过 Hash 值链起来的区块就是所谓的区块链，如图 33-2 所示。

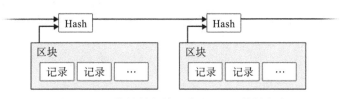

图 33-2 区块链就是将区块用 Hash 值链起来

33.1.3　工作量证明

区块链的严格顺序不但可以避免双花，还可以使历史交易难以被篡改。如果有记账者试图修改一笔过去区块中记录的交易，必然需要改变这个交易所在区块的 Hash 值，这样就会导致下一个区块头部记录的前驱区块 Hash 值和它不匹配，区块链就断掉了。

如果想要区块链不断裂，篡改交易的记账者还必须修改下一个区块的前驱 Hash 值，而每个区块的 Hash 值是根据所有交易信息和区块头部的其他信息（包括记录的前驱区块 Hash 值）计算出来的。下一个区块记录的前驱 Hash 值改变必然导致下一个区块的 Hash 需要重算。以此类推，也就是需要重算从篡改交易起的所有区块 Hash 值。

重算所有区块的 Hash 值虽然麻烦，但如果篡改交易能获得巨大的收益就一定会有人去干。前面说过，区块链是去信任的，即不需要信任记账者却可以相信他记的账。因此，区块链必须在设计上保证记账者几乎无法重算所有区块的 Hash 值。

对此，比特币的解决方案就是工作量证明。比特币要求计算出来的区块 Hash 值必须具有一定的难度，比如 Hash 值的前几位必须是 0。具体做法是在区块头部引入一个随机数 nonce 值，记账者通过修改这个 nonce 值不断碰撞计算区块 Hash 值，直到算出的 Hash 值满足难度要求为止。

因此，计算 Hash 值不但需要大量的计算资源、GPU 或者专用的芯片，还需要大量的电力来支撑，在比特币最火爆的时候，计算 Hash 值每年消耗的电量大约相当于一个中等规模的国家每年消耗的电量。

在这样的资源消耗要求下，重算所有区块的 Hash 值几乎是不可能的。因此，比特币历史交易难以被篡改。这里用了"几乎"这个词，是因为如果有人控制了比特币超过半数的计算资源，确实可以进行交易篡改，即所谓的 51% 攻击。但是这种攻击将会导致比特币崩溃，而能控制这么多计算资源的记账者一定是比特币主要的受益者，他没有必要攻击自己。

33.1.4　矿工

前面讲到，比特币的交易通过区块链进行记账，而记账需要花费巨大的计算资源和电力，那么为什么还有人愿意投入这么多资源去为比特币记账呢？

事实上，比特币系统会为每个计算出区块 Hash 的记账者赠送一定数量的比特币。这个赠送不是交易，而是凭空从系统中产生的，这其实就是比特币的发行机制。记账者为了得到这些比特币，愿意投入资源计算区块 Hash 值。

由于计算出 Hash 值就可以得到比特币，计算 Hash 值的过程也被形象地称作"挖矿"，相对应地，进行 Hash 计算的记账者被称作"矿工"，而用来计算 Hash 值的机器则被称作"矿机。"

当"矿工"为了争夺比特币争相加入"挖矿"大军时，比特币区块链就变成一个分布式账本了。这里的分布式有两层含义：一是"矿工"记账时需要进行交易检查，所以需要记录从第一个区块开始的、完整的区块链，也就是说，完整的账本分布在所有"矿工"的机器上；此外，每个区块是由不同"矿工"挖出来的，也就是说每次交易的记账权也是分布的。

比特币虽然取得了巨大的成功，但一直没有得到主流国家的官方支持。但是比特币使用的区块链技术却得到越来越多的认可，在企业甚至政府部门间的合作领域得到了越来越广泛的应用。

33.2 联盟链与区块链的企业级应用

比特币应用的区块链场景也叫作公链，因为这个区块链对所有人都是公开的。除此之外，还有一种区块链应用场景被称作联盟链。

联盟链是由多个组织共同发起却只有组织成员才能访问的区块链，有时候也被称作许可型区块链。传统上，交易必须依赖一个中心进行，不同的组织之间进行交易必须依赖银行这个中心进行转账。那么，银行之间如何进行转账呢？没错，也需要依赖一个中心，国内的银行间进行转账必须通过中国人民银行清算中心。跨国银行间进行转账则必须依赖一个国际清算中心，这个中心既是跨国转账的瓶颈，又拿走了转账手续费的大头。所以在区块链技术出现以后，因为区块链的特点之一是去中心，各家银行就在想"银行之间能不能用区块链记账，而不需要这个清算中心呢"？最初的联盟链技术就是由银行推动发展的。

目前，比较知名的联盟链技术是 IBM 主导的 Hyperledger Fabric，主要架构如图 33-3 所示。

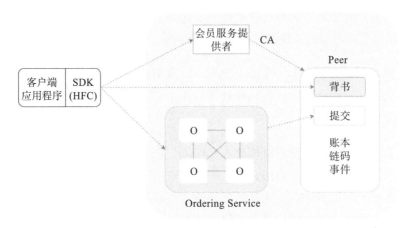

图 33-3 联盟链 Hyperledger Fabric 架构

Peer 节点负责对交易进行背书签名，Ordering Service 节点负责打包区块，Peer 节点会从 Ordering Service 节点同步数据，记录完整的区块链。而所有这些服务器节点的角色、权限都需要通过 CA 节点进行认证，只有经过授权的服务器才能加入区块链。

最近两年，随着区块链技术的发展，联盟链技术也开始从银行扩展到互联网金融领域，甚至非金融领域。2018 年，中国香港的支付宝和菲律宾一家互联网金融企业通过区块链进行了跨国转账，而中国香港和菲律宾的外汇管理局也作为联盟成员加入了区块链，使得转账和监管在同一个系统中完成。

在互联网 OTA（在线旅行代理）领域，酒店房间在线销售是一项非常大的业务，但是一家酒店不可能对接所有的 OTA 网站，一家 OTA 网站也不可能获得所有的酒店资源，于是就催生了第三方的酒店分销平台。这个平台负责对接所有的酒店，酒店房间通过该平台对外分销，而 OTA 网站则通过该平台查找酒店房间以及预订房间。

于是，这个平台就成为一个全行业不得不依赖的中心，一方面产生了巨大的瓶颈风险，另一方面酒店和 OTA 也不得不给这个中心支付高昂的手续费。

事实上，我们可以利用联盟链技术，将酒店和 OTA 企业通过区块链技术关联起来。酒店通过区块链发布房间信息，而 OTA 通过区块链查找房间信息以及预订房间。如图 33-4 所示，左边是传统的酒店分销模式，右边是基于区块链的酒店分销模式。

前面讲到的 Hyperledger 联盟链技术部署和应用都比较复杂。目前在区块链领域，社区资源比较丰富、更为易用且被广泛接受的区块链技术是以太坊。但是以太坊是一个公链技术，不符合联盟链受许可才能加入的要求，因此，我和一些热爱区块链技术的小伙伴对以太坊进行了重构，使其符合联盟链的技术要求。有兴趣的读者可以通过以下地址访问该项目：https://github.com/taireum/go-taireum。

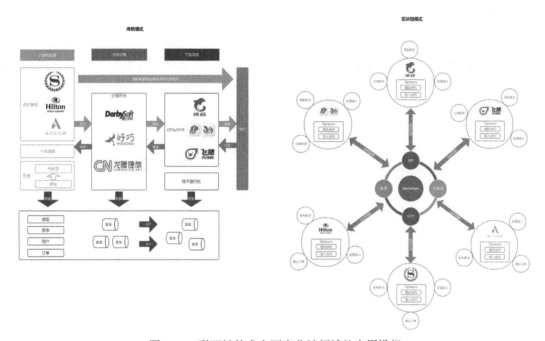

图 33-4　联盟链技术在酒店分销领域的应用设想

如果你对此感兴趣，欢迎参与这个项目的开发与应用落地。

33.3　小结

应该说，区块链能得到这么多的关注、产生这么大的影响，和加密数字货币的炒作是分不开的。正因为数字货币的炒作，才使得区块链技术吸引了大量的资源，才有更多的人才投入研发区块链相关技术，区块链技术的完善与应用也吸引了大量的关注。

但是数字货币的投机属性又使得人们对区块链技术抱有急功近利的想法，希望区块链技术能快速带来回报。

在我看来，互联网技术的快速发展是生产力革命，使得生产力十倍、百倍地提高。而区块链技术是生产关系革命，传统上，所有的交易和合作都必须依赖法律以及信任。

而法律的成本非常高，很多场合无法支撑起用法律背书的成本；而跨组织特别是互为竞争对手的组织之间又不可能产生信任。区块链的出现，使得低成本、去信任的跨组织合作成为可能，将重构组织间的关系，既包括企业间的关系，也包括政府和企业间的关系，还有政府部门间的关系。

互联网使得这个世界变得更加扁平化，信息流动更加快速，但无法弥合这个世界割裂的各种关系。而区块链可以打通各种关系，将这个世界更加紧密地联系在一起，使全人类成为真正的命运共同体。

| 第四部分 |

架构师的思维修炼

第 34 章

技术修炼之道
同样工作十几年，为什么有的人成为
资深架构师，有的人失业

在软件开发招聘中，"工作经验年限"是一个重要的招聘指标。但实际上，技术能力和工作年限并不是正相关的，特别是工作三五年以后，很多人的技术能力几乎停滞不前了。但是招聘面试的时候，面试官期待他有着和工作年限相匹配的技术能力。

如果一个人空有十几年的工作经验，却没有相应的技术能力，那么这十几年的工作经验甚至可能会成为他的劣势，至少反映了他已经没有成长空间了。反而是工作年限不如他但是技术能力和他相当的其他应聘者更有优势，因为这个人可能还有进步的空间。

事实上，就我的观察，空有十几年工作经验而没有相应技术能力的人大有人在。其实这从简历上就能看出来，如果最近几年他的工作职责几乎没有变化，使用的技术、开发的项目几乎和头几年一样，那么很难相信他的技术会有进步。

可是，我们应如何保持技术能力持续进步，使工作年限成为自己的优势而不是缺点呢？

34.1　德雷福斯模型

下面先来看德雷福斯模型。德雷福斯模型是一个专业人员能力成长模型，这个模型认为所有专业人员都需要经历五个成长阶段，不管是医生、律师还是软件开发人员，任何专业技能的从业者都需要经历新手、高级新手、胜任者、精通者、专家这五个阶段，如图34-1 所示。

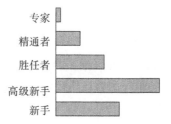

图 34-1　专业进阶的德雷福斯模型

1. 新手阶段

通常，一个人进入专业的技能领域时，即使在学校已经系统地学习过这个专业的相关知识，依然无法独立完成工作，必须在有经验的同事指导下学习相关的技能。这里主要学习的是有关工作的规则和套路，比如用什么工具、用什么框架、如何开发程序、如何开会、如何写周报、如何和同事合作、业务领域的名词术语是什么意思，等等这些各种各样的和工作有关的事情。这个阶段叫作新手阶段。

2. 高级新手阶段

通常来说，一个人大约工作两三年后就差不多掌握了工作的各种套路，可以摆脱新手阶段独立完成一些基本的工作了。通过新手阶段的人，少部分会直接进入胜任者阶段，而大多数则会进入高级新手阶段。

高级新手其实是新手的自然延续，他不需要别人指导工作，也不需要学习工作的规则和套路，因为高级新手已经在新手阶段掌握了这些套路，他可以熟练应用这些规则和套路完成工作。但是高级新手的能力也仅限于此，他不明白这些规则是如何制定出来的，为什么使用这个框架开发而不是另一个框架，也不明白这个框架是如何开发出来的。

因此，一旦需要解决的问题和过往的问题有很大不同，以前的规则和套路无法解决这些新问题时，高级新手就会无从下手。

新手会自然进入高级新手阶段，而高级新手却无法自然进入其后的其他等级阶段。实际上，在各个专业领域中，超过半数的人终其一生都停留在高级新手阶段，也就是说，大多数人一生的工作就是基于其专业领域的规则在进行重复性的劳动。他们不了解这些规则背后的原理，也无法在面对新的问题时开创出新的方法和规则。那些简历上十多年如一日使用相同的技术方案、开发类似软件项目的资深工程师大部分都是高级新手。

导致一个人终身停留在高级新手阶段的原因有很多，其中一个重要的原因是高级新手并不知道自己是高级新手。高级新手觉得自己在这个专业领域混得很不错，做事熟练，经验丰富。然而事实上，这种熟练只是对既有规则的熟练。如果岁月静好，一切都循规蹈矩，也没什么问题。而一旦行业出现技术变革或者工作出现新情况时，高级新手就会遇到巨大的困难。事实上，各行各业都存在大量的高级新手，只是软件开发领域的技术变革更加频繁，问题变化也更加快速，这使得高级新手的问题更加突出。

3. 胜任者阶段

少部分新手和高级新手会在工作中学习、领悟规则背后的原理，当需要解决的问题发生变化或者行业出现技术革新时，能够尝试学习新技术，解决新问题，这样的人就会进入胜任者阶段。胜任者工作的一个显著特点是做事具有主动性。他们在遇到新问题时会积极寻求新的方案去解决问题，而不是像高级新手那样么么束手无策，要么还是用老办法解决新问题，使问题更加恶化。

胜任者能够解决新问题，但他们通常只会见招拆招，局限于解决问题本身，而缺乏反思精神以及全局思维。为什么会出现这样的问题？如何避免类似问题再发生？这个问题在更宏大的背景下处于什么位置？还有哪些类似的问题？对于这些问题，胜任者很少会去思考。

4. 精通者阶段

拥有反思精神和全局思维，即使没有新问题也能够进行自我突破、寻求新的出路的人，就进入了精通者阶段。精通者需要通过主动学习进行提升，主动进行大量的阅读和培训，而不是仅仅依靠工作中的经验和实践。他们在完成一项工作后会反思哪些地方可以改进、下次怎样做会更好。

精通者拥有了自我改进的能力。

高级新手会把规则当作普适性的真理使用，甚至引以为豪；而精通者则会明白所有的规则都只在特定的场景中才会有效，工作中最重要的不是规则，而是对场景的理解。

5. 专家阶段

最终，各行各业大约只有1%的人会进入专家阶段。专家把过往的经验融汇贯通，然后形成一种直觉，他们直觉地知道事情应该怎么做，然后用最直接、最简单的方法把问题解决。专家通常也是他所在领域的权威，精通者和胜任者会学习、研究专家是如何解决问题的，然后将这种解决方案转化为行业做事的规则。

34.2　如何在工作中成长

德雷福斯模型告诉我们，人的专业能力不会随着工作年限的增加而自然增长，多数人会终身停留在高级新手阶段。那么，如何在工作中不断成长，提升自我，最终成为专家呢？以下三个建议供参考。

1. 勇于承担责任

好的技术都是经过现实锤炼的，是能够真正解决现实问题的，是得到大多数人拥护的。所以自己去学习各种各样的新技术固然重要，但是更重要的是要将这些技术应用到实践中，去领悟技术背后的原理和思想。

而所有真正的领悟都是痛的领悟，只有对自己工作的结果承担责任，出现问题或者可能出现问题时，倒逼自己思考技术的关键点、技术的缺陷与优势，才能真正理解这项技术。

如果你只是遵循别人的指令，按别人的规则去做事情，就永远不会知道事物的真相。只有对结果负责的时候，在压力之下，你才会看透事物的本质，才会抓住技术的核心和关键，才能够倒逼自己学好技术、用好技术，在团队中承担核心的技术职责并产生自己的技术影响，巩固自己的技术地位。

2. 在实践中保持技能

一万小时定律是一个非常有名的定律，指的是要想成为某个领域的专家，必须经过一万小时高强度的训练才可以。对软件开发这样强调技术的领域来说，这一点尤其明显。我们必须经过长时间的编程实践，从持续的编程实践中提升技术认知，才能够理解技术的精髓，感悟到技术的真谛。

但并不是说重复地编程一万小时，就能够自动提升成为专家。真正对你有帮助的是不断超越自我、挑战自我的工作。也就是说，每一次在完成一项工作以后，下一次的工作都要比上一次的工作难度再增加一点点，不断地让自己去挑战更高难度的工作，从而拥有更高的技术能力和技术认知。

通俗来说，就是要摘那些跳起来才能够得着的苹果，不要摘那些伸手就能够得着的苹果。但是如果难度太高，注定要失败的任务对技术提升其实也没有什么帮助。所以最好是选择那些跳起来就能够摘得到的苹果，只要努力进步一点点，就能够完成。通过这样持续的工作训练和挑战，在实践中持续地获得进步，你就可以不断从新手向专家这个方向前进。

3. 关注问题场景

现实中，很多人觉得学好某一个技术就大功告成了。但事实上，即使你熟练掌握了强大的技术，如果对问题不了解、对上下文缺乏感知，也不会真正用好技术，也就无法解决真正的问题。试图用自己擅长的技术去解决所有问题，就好像是拿着锤子去找钉子，敲敲打打大半天才发现打的根本就不是一颗钉子。

专家其实是善于根据问题场景发现解决方法的人。如果你关注场景，根据场景去寻找解决办法，也许你会发现解决问题的办法可能非常简单，并不需要多么高深的工具和方法，这时的你就是真正的专家。这时你会意识到方法、技术、工具都不是最复杂的，真正复杂的是问题的场景，是如何正确理解问题。

这个世界上没有万能的方法，没有一劳永逸的银弹。每一种方法都有适用的场景，每一种技术都有优缺点，必须理解问题的关键细节、上下文场景，才能够选择最合适的技术方案来解决问题。

34.3　小结

如果你是一个刚刚工作不久的新手，那么不要被所谓的工作经验和所谓的资深工程师的说教局限住，要去思考规则背后的原理，主动发现新问题，然后去解决问题，越过高级新手阶段，直接向着胜任者、精通者和专家前进。

如果你是一个有多年经验的资深工程师，那就忘了你的工作年限吧，去问自己，"我拥有和工作年限相匹配的工作技能吗"？我处于德雷福斯模型的哪个阶段？我该如何超越当前阶段成为一个专家？

第 35 章

技术进阶之道
你和世界上顶级的程序员差几个等级

这些年，我跟一些年轻的软件工程师朋友们交流，大家都对未来的职业发展有着憧憬和规划，要做架构师、要做技术总监、要做 CTO。对于如何实现自己的职业规划也都信心满满，努力工作、好好学习、不断提升自己。但现实总是复杂的，日复一日的工作与生活总能让人一次又一次地陷入迷茫。原因之一就是对职业发展轨迹和自我能力提升的一般规律缺乏认识，做事找不到方向或是操之过急。

35.1 软件技术的生态江湖与等级体系

软件编程这个领域看似平等、开放、自由，但这并不代表混乱、无序。这个领域并没有成文的行为准则，却自有一套运作体系。依靠这套体系，软件开发的技术和知识以极快的速度在全世界范围内传播、推广。如果你致力于成为软件架构师，你就必须了解软件技术的生态江湖与等级体系，因为你的技术处境和技术发展之路就在其中。

全世界从事软件开发的技术人员大约有几千万，有序稳定的组织方式总是金字塔结构，在软件开发这个领域也不例外。我们按照每个人的影响力和技能水平，使用二八定律进行划分，得到一个如图 35-1 所示的金字塔结构。

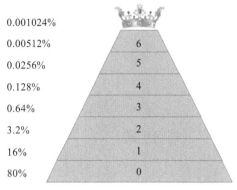

0.001024%	行业开创者
0.00512%	领域开创者
0.0256%	关键开创者
0.128%	全球影响者
0.64%	全国影响者
3.2%	公司影响者
16%	团队影响者
80%	

图 35-1   软件从业人员等级体系

80% 的工程师处在这个金字塔最底层，全世界绝大多数的代码出自这一层的工程师之手，但是他们却没有任何技术决策能力和技术影响力。用什么编程语言、用什么数据库、用什么编程框架、日志规范与代码规范如何制定，统统不由他们决定。大多数情况下，一个 10 人的团队中，有 8 个人是这样的，他们在金字塔的第零层，在这个体系中，他们没有自己的称呼。

在这一层之上，剩下的 20% 的技术人员中的 80%，也就是总数的 16% 的工程师被称为团队影响者。他们是项目架构师、技术经理、技术骨干，撑起了项目的技术核心，在项目范围内决定着各种技术方向，核心代码由他们开发，出了重要的问题也要找他们解决。在一个 10 人的团队中，大约有 1 ~ 2 位这样的人。

团队影响者之上是公司影响者，大约占总数的 3.2%，他们决定整个公司的技术方向，比如，用 Java 还是用 PHP ？用 MySQL 还是 SQLServer ？微服务用 Dubbo 还是 Spring Cloud ？在一个有 300 名技术人员的公司中，这样的人大约有 10 人。他们通常是公司的技术元老，是公司的技术团队中拥有较大知名度的技术专家。

团队影响者和公司影响者又如何做出技术判断和决策呢？他们的技术从何而来？通常他们会关注国内最新的技术风向，参加各种技术峰会，阅读各种技术图书，通过这些信息获取知识并做出自己的技术判断和决策。而向他们传播这些最新技术动向的人，就是全国影响者。这些人通常来自知名的 IT 互联网公司，当他们说"我们在淘宝、腾讯如何做开发"的时候，全国的开发者都会静心倾听。

这些全国影响者通常是通过关注国外的技术动向来获取信息的，主要是一些美国的公司，比如 Google、Facebook、微软这些公司的工程师。当他们说"我们在 Google 如何做开发"的时候，全世界的开发者都会静心倾听，以便了解下一次的技术潮流在哪里。他们是全球影响者。

在这个技术影响力体系里，越往高处背景越重要。你是谁不重要，你代表谁更重要，人们关注的不是你叫什么名字，而是你来自哪个公司，这也是很多人想要加入 Google、阿里巴巴的原因。有趣的是，来自知名大厂的一些工程师常常忘记这一点，觉得自己得到的关注和掌声是来自自己的成就和能力，结果导致对自己的职业发展产生重大误判。

直到这里，技术等级体系关注的都是技术影响力，通过影响力决定使用何种技术进行软件开发。那么，我们常用的这些软件技术又从何而来？事实上，正是这些知名软件的开发者推动了一次又一次软件编程的革命，领导了一次又一次技术进步，他们带领软件技术行业不断前进。

他们有的开发了一些关键性的技术产品，比如广为使用的 JSON 解析器、单元测试框架、分布式缓存系统。他们是关键开创者。

还有一些人则开创了一个领域，如 Spring，构建了一个完整的 Java web 开发技术栈。这些软件的核心开发者是领域开创者。

在这个金字塔的最顶层，则是那些开创了一个行业的行业开创者，Hadoop 成就了大数据行业，Linux 引领了操作系统行业，Linus、Doug Cutting 这些人就是软件技术领域的王者。

基本上，只要能超越你当前所在层次 80% 的人，你就可以进入更上一个层级。

35.2　技术进阶之捷径

如何完成技术层级的跃迁，成为更高一级的技术高手呢？你当然可以一级一级地从金字塔的最底层努力做起，在每一层都超越 80% 的人，进入更上一层的技术等级。

那么，有没有捷径呢？

其实还真有，而且许多人都尝试过，那就是直接去做一个全国影响者，在工作之外，通过持续地维护一个技术博客或者技术公众号，不断地发表一些高质量的原创技术文章，在某个技术领域打造自己的技术影响力，并通过在一些有影响力的技术峰会上做主题演讲，以及出版一些高质量并畅销的技术图书，持续扩大自己的影响力。

应该说，每一次大的技术浪潮，都会使一批默默无闻的技术人员快速获得全国性的技术影响力，在分布式技术、移动互联网、大数据、AI、区块链等领域，莫不如此。

因此，通过这种方式获得全国性的技术影响力，一方面要持续努力，不断学习、实践，持续获得知识，并把这些知识有效地传播出去；另一方面还要有眼光，在一个已经非常成熟的技术领域耕耘，再努力也很难获得足够的关注，而在那些尚不成熟的技术领域努力，你又如何知道将来这项技术一定会成功？这就需要具有足够的技术敏感性，在进行足够多的技术尝试后，才能做出有战略眼光的技术决策。

所谓的捷径只是路径上的捷径，要想在这条捷径上获得成功，需要付出更多的努力。

事实上，如果你足够努力并有足够的天分，你甚至可以超越影响者阶层，直接进入开创者阶层，比以上捷径更快。

在计算机软件开发领域，美国是全球的领导者，软件领域的新技术基本都是美国人引领的，我们日常使用的各种软件基本上也都是在美国开发的。大到各种编程语言，小到各种编程框架和工具。

如果说，最近几年这一现象有什么细微的变化，那就是中国开发者的身影越来越多，中国本土开发的软件也越来越多地被全球开发者接受，特别是在开源软件以及最新的技术领域上，中国人的成就和作品越来越多。

最近十几年，中国软件开发者人数急剧增加，中国软件开发者的技术水平也快速提高。在上个世纪，中国人开发一款技术产品，被全球软件开发者使用似乎是天方夜谭，而到了今天，这完全不是什么不可能的事情。

所以，如果你能直接开发一款在全球范围内被软件开发人员广泛接受的技术产品，并能吸引全球的开发者参与到你的产品开发中，那么你就成为某方面的开创者了。事实上，因为中国软件开发者人数庞大，即使你的产品只在中国范围内获得广泛的认可，距离全球范围内流行也已经不远了。

比捷径更快的路不是没有，只是更加艰难，不只需要你个人努力，还要看历史的进程。

35.3 小结

从根本上说，技术进阶根本没有捷径，所谓的捷径其实是你经历了各种努力和挫折后，最后化茧成蝶的惊鸿一瞥。为了最后众人瞩目的成功，你需要经历金字塔每一层的考验。

在工作中，技术实力固然重要，但是技术实力要转化成公司需要的成果和价值；技术影响力也非常重要，通过技术影响力引导团队、部门、公司按照你的技术价值观去构建产品架构和技术发展路径，凝聚公司的技术力量，让你自己和公司向着更高的技术等级前进。

关于如何构建自己的技术影响力，有如下两点建议。

❑ 承担责任：重大的技术决策可能会带来重大的技术风险，要有勇气承担风险，并因此赢得他人的尊重。
❑ 帮助他人：团队成员遇到技术问题的时候，即使不是自己的工作范围，也可以帮助他们去解决问题，一方面建立自己的技术影响力，另一方面通过解决问题获得更快的技术成长和领悟。

当然，技术影响力的前提是具有真正的技术实力，没有实力的影响力就是空中楼阁，不堪一击。

第36章

技术落地之道
你真的知道自己要解决的问题是什么吗

做软件开发，其实就是用软件的手段完成业务需求，而业务需求一定是用来解决某些问题的，用户的问题、老板的问题、运营的问题，等等。软件工程师常常疲于奔命，开发各种需求，但是这些需求到底想要解决什么问题？开发完成以后是否真的解决了问题，实现了功能的价值？对于这些问题，很多开发者常常既不了解，也不关心。

我们讲一个小故事吧。北欧有一个度假胜地，是欧洲人民夏天避暑度假的好去处，去度假胜地需要经过一个长长的隧道，隧道建设的工程师为了保证隧道的使用安全，在隧道入口处立了一块牌子，写着"请打开车灯"。

游客们开着汽车，打开车灯，穿过隧道，到达度假胜地，愉快地玩耍。而等他们要回去的时候，有些人却发现车子无法启动——他们忘记关闭车灯，汽车电池中的电能耗尽了。小镇的警察们只好开着自己的警车四处为游客充电，疲惫不堪。而沮丧的游客在回去之后四处抱怨，分享他们糟糕的旅游体验，导致小镇旅游业大受影响，镇长压力很大。

于是人们找到隧道建设的工程师，要求他在隧道的尽头再立一块牌子，写上"请关闭车灯"。工程师照做以后，却发现麻烦来了：夜晚穿过隧道的游客看到牌子，虽然非常疑惑，但还是按照指示关闭了车灯，结果却发生了车祸，麻烦更大了。于是工程师不得不写上"如果是白天，请关闭车灯"。结果有的游客没看到隧道入口的牌子，却看到了隧道出口的牌子，同样疑惑。为了解决新问题，工程师不得不在牌子上继续写下去……

这个场景和软件工程师们日常的工作场景是不是很相似？总有客户、老板、产品经理过来跟你说，"这里需要这样一个按钮，那里需要那样一个功能"。你照做以后，发现带来了更多的麻烦，为此，你不得不在代码里不断地写 if/else。你不是在解决问题，而是在制造问题。

回到这个故事，我们重新思考一下：这是谁的问题？谁能够解决这个问题？如果这是镇长的问题，那么能不能让镇长在停车场修建充电桩让游客们充电？如果这是警察的问题，那么能不能多招一个警察，专门帮游客充电。如果这是游客的问题，能不能在隧道出口立一块牌子，写上"你的车灯亮着吗"？提醒他们问题的存在，让他们自己去解决问题。

所以，你在每次解决问题的时候，是否想清楚了问题的本质究竟是什么？这是谁的问题？谁能解决这个问题？你在为谁解决问题？这些问题决定了你是否能真正解决问题，为公司创造价值，也决定了你是否能选择最合适的技术去解决问题，进而提升自己的技术能力以及技术影响力。

作为一个软件工程师，如果只是听从别人的指令开发代码，却不了解这些代码究竟想要解决什么问题，那么很多时候你是在制造问题，而不是解决问题，加班加点辛苦工作只是在为公司制造麻烦。而对于你自己而言，日复一日重复执行解决方案，距离你成为一个技术专家也越来越远。

关于如何发现真正的问题，这里有几点小的建议，供你参考。

36.1　确定会议真正要解决的问题是什么

工作这么多年来，我参加过很多技术会议，就我所见，几乎所有的技术会议都没有有意识地讨论过一个主题，即这场会议要解决的问题是什么。

很多时候，会议一开始就讨论解决方案。有的会议上，产品经理上来就说我们需要一个什么样的功能，请技术部门给一个技术方案和工作量评估，至于这个功能用来解决什么问题，给用户或者公司带来什么价值，几乎很少说明。有的会议上，架构师上来就说我们打算推广一个什么样的技术，请相关技术团队配合，至于这个技术用来解决什么问题，给用户或者公司带来什么价值，也很少说明。

所以，这样的会议讨论的重点就是解决方案本身：这项功能怎么做，这项技术怎么应用落地。而不是讨论真正的问题是什么：为了解决真正的问题，这个功能是不是必须要做，有没有更好的解决办法；这个技术是不是必须要上，能不能带来足够的价值。

这样的会议，即使有争论，争论的也是解决方案本身，而不是问题。而关于解决方案的争论往往又会陷入各种细节之中，经过一番讨论，更不知道要解决的问题是什么了。

所以，以后参加技术会议的时候，也许不需要急于参与到讨论之中，而是要多思考：这次会议把要解决的问题说清楚了吗？需求背后真正要解决的问题是什么？当前讨论的内容真的能解决问题吗？

想清楚了这些，你会对当前的局面有更加清晰的认识，你会发现其他与会者的激烈争论都是在盲人摸象、自说自话，彼此的关注点根本不在同一个问题上。

这时，你出手把大家拉回到问题本身，主导会议的讨论方向，就会成为最有技术影响力的那个人。

36.2　不需要去解决别人的问题，提醒他问题的存在即可

在有关育儿教育的经典书籍中，针对如何面对婴幼儿的哭闹（比如小孩子摔倒了，开始哭闹的时候），给出的解决方案是不要立即鼓励小孩子，让他们要勇敢一点，自己爬起来，更不要斥责他没出息，走路不小心什么的，而是把他抱在怀里，轻轻在他耳边说，"（爸爸）妈妈知道你摔疼了"。重复这句话，直到小孩子不哭了，然后再跟他说，你是个勇敢的孩子，你可以自己面对的，下次你可以自己爬起来。

在这个示例中，小孩子摔倒了会哭，是谁的问题？当然是小孩子自己的问题，但是他太小，又处在巨大的挫折之中，无法独自解决问题。所以，父母这时要做的是，安抚好孩子的情绪，告诉孩子"爸爸妈妈和你在一起，理解你的痛苦"。等他从挫折中恢复过来，不哭了，再鼓励他，让他自己解决问题。

本章开篇那个隧道车灯的故事也是如此，忘了关闭车灯导致汽车无法启动是谁的问

题？是游客自己的问题。谁最适合解决问题？是游客自己，他只需要关闭车灯就可以了。所以镇长设立充电桩、多招一个警察帮游客充电，都使问题更加复杂。但是游客又没有意识到问题的存在，所以不去解决问题。我们要做的事情不是去帮游客解决问题，而是提醒他问题的存在，"你的灯亮着吗？"游客意识到问题的存在，他就会自己解决问题。

在软件需求开发中，也有很多帮用户解决问题的场景。日常开发中，产品、运营、开发、测试、运维也有很多交互合作，需要互相帮助；哪些问题对方可以轻易解决，哪些问题应该通过修改软件功能来解决，应该思考清楚。

36.3　去解决那些被人们习以为常而忽略了的问题

身处问题之中的人常常并不能感知到问题的存在，正如身在水中的鱼儿看不到水一样。太多的问题被人们的适应能力忽略掉了，直到有人解决了这些问题，身处其中的人才恍然，原来过去的方式都是有问题的。

所以，如果你到一个新环境中，发现存在着一些问题，而身处其中的人却熟视无睹，往往不是他们有问题，也不是你有问题，可能只是他们已经适应了问题的存在，而你还没有适应。

关于问题的定义有个公式：问题 = 期望 − 体验。

到一个新环境中，大家体验差不多，如果你的期望和其他人不同，那么你对新环境的感受也会不同。而这种感受可能是你出人头地的机会：你发现并解决了这些问题，其他人也会明白过去的方式是有问题的，你的能力自然会被认可。

36.4　小结

一项技术是不是真的能解决问题，是衡量这项技术是否有效的主要标准。而业务究竟遇到了什么问题、用什么样的技术才能真正有效地解决问题，是工程师在进行技术落地之前必须要考虑清楚的事情。

不去思考，真正地面对问题，总是试图用自己擅长的技术或者业界热门的技术解决工作中看似一样其实大不相同的业务问题，既不能够真正解决问题，为公司创造价值，也不能够提升自己的技术水平，获得真正的进步。

　　如果自己总是能有效地用技术解决问题，在这个过程中，也会不断增强自己的技术自信，知道自己用技术可以创造真正的价值，自己可通过技术参与到改造世界的过程中，也会树立起技术的信仰。建立了技术信仰就不会总是犹豫自己是不是要转管理，是不是要转行。

第 37 章

技术沟通之道
如何解决问题

我们在日常工作中总要和很多人合作。有时，我们需要依赖别人的工作结果，将其作为我们工作的输入；有时，我们的工作产出需要交付给别人，才能产生最终的价值。在这些合作过程中，可能会遇到各种问题。

那么，如何通过有效地沟通解决各种问题呢？这里给出一些建议，供大家参考。

37.1　让有能力解决问题的人感受到问题的存在

在工作合作的过程中，有的时候对于对方来说，明明是举手之劳的事情，但他偏偏在拖延，你去催促也没什么结果。这时我们很容易将问题归结为对方的工作态度，事实上很多时候是对方没有理解你的问题，觉得你在没事找事，你才是工作态度有问题的人。

大多数情况下，将问题归结为人的态度问题是无法解决问题的，况且很多时候确实不是态度问题，而是不同的人做事能力、理解能力、立场和看待事物的角度不同而已。所以，如果只是立场和角度的问题，将对方拉到同一个立场来解决问题即可，如果对方没有感受到问题的存在，那就想办法让对方感受到。

通常说来，上司的能力要比你的能力强，可以调动的资源也比你多，有些事情对你而言可能非常困难，但是你的上司也许一句话就可以搞定，这时你可以考虑利用你的上司去解决问题。同样，如果他没有感觉到问题的存在，那你就想办法让他感觉到。

所以有句话叫做"用人的最高境界是用上司"。

有的时候，对于一件有风险的工作，如果事情进展不顺利，你可能无法承担风险，无法自己做决策，那么，就应该将你的上司拉进来。你可以直接问他，"有这样一个方案和计划，您觉得合适吗"？但是这种提问方式可能会导致你的方案被上司否定。对此不妨换一种更好的提问方式："这里有 A、B 两个方案，您觉得哪个方案更合适"？从而将上司的回答引导到你期望的方案上面去。

上司一旦回答了你的问题，就等于参与到你的工作中去了，当事情真的出现风险，你再去找他寻求支持时，因为这是他曾经做出的决策，所以他更容易跟你站在一起，帮你解决问题。

这里要注意的是，当你寻求上司支持的时候，不要问上司怎么办，不要给上司提开放式的问题。一则上司可能不理解你的问题上下文，无法给出合适的建议；再则上司如果给出的方案是你难以执行的，你是在给自己"挖坑"。

而封闭式的问题只需要回答好不好就可以，比如选择 A 方案还是 B 方案，就不会有上面的问题。

相反，如果你向下属提问，就不要提封闭式的问题，你问下属这个方案好不好可能会让他质疑你的能力，同时也限制了他的能动性，使他无法思考和调查更多的解决方案。

37.2 "直言有讳"

在合作的过程中，合作伙伴可能会犯一些错误，如果这个错误影响了你，你应该指出来，而不是为了和谐假装视而不见，任由事情向失败的方向发展。这里要注意的是，你指出错误是为了改正错误、达成目标，而不是为了责备、打压对方，即要批评而不要责难，要对事而不要对人。

你针对人，对方就一定和你处在对立的一面，你们就是在进行人际斗争，而不是在解决问题。"直言有讳"就是说指出负面情况时要直接，不要兜圈子、说含糊话，否则你的语言就没有力量，无法解决问题，但是也不要想说什么就说什么，要有所避讳，主要就是不要把问题指向人。可以说这件事情这样做是不对的，但是不要说你这个人是有问题的。

即使直言有讳，有的时候还是会引起人与人之间的对立，特别是在你反对对方的某个方案时，对方很容易就认为你是在反对他，进而排斥你的建议。这方面，我在阿里巴巴工作的时候，跟我当时的上司学到一个非常好的技巧。

他当时是阿里巴巴的首席架构师，经常参与各种技术方案的评审会，也要否定很多技术方案，但是他几乎没有和任何他要反对的技术方案的提出者发生过争执或者冲突，固然他有很大的技术影响力和技术权威，但他也有很好的反对技巧。

总结来看，就是以赞成的方式表示反对。当他要反对一个技术方案的时候，首先他会以赞成的方式来提出这个方案较好的点，这时方案的设计者就和他站在同一立场上了，将他接纳为自己人。然后，他就会将话题转换，说出他反对的观点，而设计方案的提出者因为已经从内心接纳了他，所以能够认真倾听他的疑问和建议，重新思考自己的方案。

还有一种情况，就是有些新来的同事，会针对公司现状提出各种建议和方案，这些方案和建议有的并不靠谱，但是如果你直接指出其中的不靠谱之处会非常打击新同事的积极性，他们甚至会怀疑公司的合作氛围。

在这种情况下，适当逃避问题反而是一种解决问题的正确方法。可以跟新同事说："我今天比较忙，改天我们组织个会议详细聊"。将讨论的时间推后，将讨论的门槛提高（组织会议），新同事将有时间更严肃地思考他的方案，他会自己发现方案的问题而放弃这个方案。这样的结果，对新同事、对同事之间的关系、对公司都有好处。

37.3 想解决一个大家都不关注的问题，可以等问题变得更糟

有的时候，系统架构已经欠了太多技术债，摇摇欲坠。你想要做一次重构，但是团队上下都以事情太多、忙不过来为由不支持；有的时候，你想要为系统加一个应用防火墙以保护系统安全，但是大家都觉得你没事找事，瞎折腾。

这种情况下怎么办？在你力所能及的范围内做一些修修补补，避免问题的发生么？其实，这样做只会让问题看起来确实不那么严重，并不需要着急去解决。可是，很多问

题是拖得越久越难解决。

所以，如果你觉得这里真的有问题，需要尽快解决，就不要试图对问题进行修补，使问题被拖得越来越久。也许你放任问题发生，尽快暴露出问题，反而会让大家对问题的严重性达成一致意见，完全支持你去解决问题。

大家都听说过"亡羊补牢"这个成语，以前我一直觉得这是一个贬义词，牧羊人直到丢了羊才去修补他的羊圈。现在，我渐渐觉得这也许才是做事的正确方式，工作、生活中每天有太多的事情需要去做，你怎么知道哪些事情是重要的？在一个团队中，你怎么让大家相信你想做的事情是重要的？也许"丢几只羊"才能让自己、让大家真正意识到问题的严重性，也许这是我们真正解决问题必须要付的代价。

37.4　如果不填老师想要的答案，你就得不了分

我们每天在帮产品经理解决问题，帮用户解决问题，其实我们最终都是在帮自己的上司解决问题，如果你不解决这些问题，你的上司可能就会遇到问题。

因此，如果你觉得一个问题很重要，而你的上司却不觉得，那你辛苦去解决这个问题可能就是在白费功夫。你无法在一个管理体系中获得认可，你的工作无法获得正反馈，你的努力是无法持续的。所以，如果这个问题真的很重要，而你无法让上司认可其重要性，那么对于你而言，真正重要的不是问题本身，而是你的上司。

既然员工以上司的意志作为自己工作的依据，那么，就可以得出一个结论：管理者对待问题的视角和态度决定了下属会成为什么样的人，管理者的眼光和判断会决定团队做事的风格和方向，也决定了什么样的人会加入团队、什么样的人会选择离开。最终这个团队的人都会变成某种类型的人，虽然这可能完全不是管理者期望的，但结果却往往如此。

37.5　小结

我们的工作、生活都是由一个个问题组成的。但是发现问题、解决问题其实并不能让我们超越现状，获得更多的自由和成就。太沉迷于解决问题会使我们的视野和努力专注于过去，而不是放眼于未来。

事实上，真正的成就与超越来自于对未来的探索和追求，而不是对当下问题的分析和处理。

如果未来更值得我们去思考，那么来看这样一个问题：假如今天晚上所有困扰你的问题都消失了，明天你想做什么？如果你的回答是睡觉、旅游，甚至是学习，那么请再想一想，睡觉、旅游、学习之后呢？你的人生真正想要的是什么？

第38章

技术管理之道
真的要转管理吗

做技术开发的人的职业规划通常有两个方向：一个是持续做技术，成为技术专家、架构师；一个是转管理，带领技术团队做开发。开发团队需要管理者，开发出身的工程师做管理也是顺理成章的事。过去十几年，很多优秀的工程师成功转为技术管理人员，成功转岗的比例似乎比成长为技术专家的比例还要高一些。这也给了更多工程师转管理的信心，似乎技术转管理是一件相对容易的事。

事实上，过去十几年，技术人员之所以能够容易地转为管理人员，根本原因在于开发行业的快速扩张。随着互联网的快速发展，软件开发的从业人员数量大概增长了几十倍，开发团队规模迅速扩张，因此必须要有技术人员成为管理者，以管理越来越庞大的技术团队。

如果一个人在技术部门只有十来个人的时候加入公司，经过几年发展，公司技术部门有百余人，需要将其划分为十多个开发小组，每个小组需要一个技术主管，因此就需要十多个技术管理者，所以在公司早期加入的这些开发人员，如果能够胜任工作，跟着公司一起成长，大概率会被任命为技术主管。

如果公司继续发展，技术部门达到千余人，那么，百余人时加入公司的技术人员也有很大概率会被任命为技术主管，如果这个人在管理方面表现得足够好，则有可能会被继续提拔，成为经理、总监、CTO，在管理的道路上越来越成功。

看起来，技术转管理这条路似乎很光明，是软件技术人员一条不错的职业发展之路。

但是，这条光明的道路其实隐藏了一个非常重要的前提，那就是技术团队规模必须呈指数级增长，这样才能产生足够数量的管理岗位空缺，才会让后来的人跟前面加入公司的人一样有机会成功转型管理。

事实上，过去十几年中，整个行业的软件开发从业人员确实是指数级增长的；而最近几年，这一增长势头已经明显变慢；未来会怎么样，相信不用我说你也能做出判断。

如果整个行业的软件开发人员数量从现在开始不再增加，那么现在的工程师转管理的难度将比自己的前辈难一个数量级。如果你觉得你的主管、经理的管理水平不过如此，你做管理不比他们做的差，这并不足以支持你成功转型管理。因为从时间上来说他们转管理的难度要远低于你现在转管理的难度，如果你的规划是将来几年转管理，那么局面会更加悲观。

我并不是在这里给你打退堂鼓，劝你放弃转管理。我们现在正在进行产业升级，各行各业都需要在科技水平和管理水平上进行升级，以应对更加激烈的全球竞争。这也许就是你的机会。

想要把握住机会，就不能仅仅以你的前辈作为榜样和基准，而是要进行更科学的管理方面的学习和训练。这里，我分享几个关于管理的基本原理和概念。

38.1 彼得定律

彼得在 20 世纪 70 年代研究了美国数千个组织，包括政府部门、学校、企业等，发现在一个成熟有效的组织中，当一个员工在其岗位能够出色完成工作时就会得到晋升，被提拔到更高一级职位。如果在这个职位，他能够继续出色地完成工作，就会继续得到晋升，直到他晋升到某个职位以后无法出色完成工作为止。

这是职场晋升的一般规则，看起来似乎没什么，但是彼得在对这些得到晋升的人进行各种观察以后，得出一个结论：在一个层级组织中，每个员工都会趋向于晋升到他所不能胜任的职位。这就是彼得定律。事实上，根据晋升的一般规则也能推导出这个定律。

利用这个定律做进一步的推导，还能得到一个彼得定律的推论：在一个成熟的组织中，所有的职位都被不能够胜任它的人承担着。这个推论也很好理解，每个人都会晋升到他不能胜任的职位，那么稳定下来以后，所有的职位都会被不能胜任的人承担。不得不说这个结论实在让人有点吃惊，但是却很好地解释了组织中的各种奇怪现象。

彼得进一步对这些不能胜任自己职位的人进行观察，发现当一个人位于他不能胜任的职位时，他必须投入全部的精力才能有效完成工作，这个职位也被称作这个人的彼得高地。一个处于彼得高地的人，精疲力尽于他手头的工作，无法再进行更进一步的思考和学习，他的个人能力提升和职业进步都将止步于此。

所以，一个人在其职业生涯中能够晋升的最高职位，能够在专业技能上进化的最高阶段，依赖于他的专业能力和综合素养，依赖于他拥有的持续学习和专业训练的条件与环境，这和他晋升的速度无关。

对公司而言，真正有价值的是你为公司解决了多少问题，而不是完成了多少工作，工作本身没有意义，解决问题才有意义。对于你自己而言，真正有价值的不是你获得了多快的晋升、多高的加薪，而是你获得了多少持续高强度训练的机会。而这两者本质上是统一的。

所以，对自己的未来有更多期待、更有进取心的工程师，应该将精力更多地放在发现企业的各种问题并致力于解决问题，在这个过程中，你将同步收获职场晋升和个人能力提升。

38.2 用目标驱动

在技术管理领域，常见的管理方式有两种：一种是问题驱动型管理，一种是流程驱动型管理。

问题驱动型管理着眼于问题，每天关注最新的问题是什么，然后解决问题。流程驱动型管理着眼于流程，关注事情的进展是否符合流程规范，是否在有序的规章制度下行事，看起来像监工。

老实说，这两种都不是高效的管理方法。对于技术管理而言，更高效的管理方式是目标型管理。

目标驱动的管理者关注的是目标。公司的目标是什么？部门的目标是什么？团队的目标是什么？我的目标是什么？我和我的团队做这些事情的价值和意义是什么？不断问自己：我如何做才能为公司、为客户创造价值？

目标驱动的管理者并不特别关注问题，他更关注解决方案。当系统出现故障的时候，他不会关注是谁导致的 Bug，而是更关注谁可以解决这个 Bug。当项目进展缓慢的时候，他并不关注是谁导致了拖延，而是更关注我们如何做才能赶上进度。他不问为什么出现问题，因为他知道，所有的问题最后都是人的问题，而纠结于人的问题只能导致人们彼此推诿。

目标驱动的管理者其实并不是不关注问题，他只是不用问题进行管理，不让团队纠结于问题之中，而是着眼于未来和解决方案本身。管理者自身其实对问题非常清楚，但是他把问题转化为目标，引导团队前行。

OKR 这个词最近两年风靡于互联网企业。OKR 其实就是目标（Object）与关键结果（Key Result），即通过对团队和个人制定有挑战性的目标和可量化的结果标准进行管理，可以说是目标驱动管理的一种落地实践方案。

通常在一个 OKR 周期开始的时候，每个团队和个人都会制定自己的 OKR：我的目标是什么？达成目标后产生的关键结果是什么？所有的 OKR 都需要公开，通过阅读自己合作伙伴和上级部门的 OKR，了解自己的目标在组织中的作用，自己工作的结果对组织的价值，从而了解自己在组织中的位置，使自己的工作成为组织战略的一部分。

在工作过程中，根据目标不断调整自己的工作方式，期间需要定期进行评审（Review）：到目前为止，我产出的成果有哪些？距离我们的目标是更近了还是更远了？我们还需要做哪些工作才能达成期望的结果？

需要注意的是，OKR 并不是用来考核的，不应该以目标是否达成作为考核的依据，否则每个人都倾向于给自己制定最简单的结果和目标。OKR 是一种管理手段，通过对目标的制定和对结果的审核，将团队和员工的奋斗目标与公司的战略目标统一起来，使每个人都能理解自己工作的目标是什么，在整个公司战略中的地位如何，进而使每个人成为公司整体中重要的一部分。

38.3 小结

管理学作为一个学科已经出现了上百年，它有自己的专业工具和方法，也有自己的客观规律。技术做得好并不能保证管理做得好，想转管理的技术人应该专门学习一下管理学的基础知识，而不是仅仅看两篇公众号，觉得自己技术不错还擅长沟通就要转管理。

附录 A

软件开发技术的第一性原理

计算机软件开发是一个日新月异的领域，几乎每天都有新的技术诞生。每隔几年，软件开发领域就会进行一次大的技术潮流变换，所以身处其中的软件开发技术人员也常常疲于奔命，不断学习各种新知识、新技术，生怕被这个快速变革的时代所抛弃。

但是每次从头开始学习一项新的技术，这个过程既痛苦又漫长。好不容易掌握得差不多了，新的技术又出现了，于是不断地重复从入门到放弃这一过程。这个过程是如此痛苦、艰难，以至于整个行业形成了一种所谓的"共识"：随着学习能力和体力精力的下降，编程知识和技能逐渐衰退，35 岁以后就不能写代码了。

其实很多看起来难以坚持、让人容易放弃的事情，并不是智力、体力或者意志力的问题，更多的是方法问题。很多时候，学习新知识和新技术之所以困难，是因为没有理解这些新技术背后的思想和原理，以及这些新技术诞生的来源。太阳底下没有新鲜事，绝大多数新技术其实都脱胎于一些已有的技术体系。

如果你能建立起这套技术思维体系，掌握这套技术体系背后的原理，那么当你接触一项新技术的时候，就可以快速把握住新技术的本质特征和思路方法，然后用你的技术思维体系快速推导出这一新技术是如何实现的。这时其实你不需要去学习这项新技术，而是应该去验证这项新技术，通过看它的文档和代码，去验证它是不是和你推导、猜测的实现方式一致，而不是去学习它怎么使用。这样，学习一项新技术就变成了一个简单、轻松、快速且充满乐趣的过程。你不再惧怕学习新技术，而是开始抱怨：为什么技术革新得这么慢，太无聊了。你甚至可以开始自己创造新技术。

那么，如何实现这一美好的愿景，建立自己的技术思维体系呢？

物理学有一个第一性原理，指的是根据一些最基本的物理学常量，从头进行物理学的推导，进而得到整个物理学体系。有硅谷钢铁侠之称的埃隆·马斯克特别推崇第一性原理，他做电动汽车、做航空火箭，并没有遵从别人的老路，而是从这个产品最本质的需求和实现原理出发，重新设计了产品最核心的关键以及发展路径，进而开发出自己独特创新的产品。Google 的创始人拉里·佩奇说过："让我自由地从物理规则出发去思考问题，而不是迎合那些所谓的世俗智慧。"这其实也是第一性原理。

第一性原理就是让我们抓住事物最本质的特征原理，依据事物本身的规律，去推导、分析、演绎事物的各种变化规律，进而洞悉事物在各种具体场景下的表现形式，而不是追随事物的表面现象，生搬硬套各种所谓的规矩、经验和技巧，以至于在各种纷繁复杂的冲突和纠结中迷失方向。

软件开发技术也是非常庞杂的，各种基础技术、各种编程语言、各种工具框架、各种设计模式、各种架构方法，很容易让人觉得无所适从。就算下定决心从基础学起，一本厚厚的《操作系统原理》好不容易咬牙坚持学完，回头一看还是各种迷茫，不知道在讲什么。继续学下去，再来一套更厚的《TCP/IP 详解》，彻底耗尽了意志力和兴趣，最后完全放弃。

其实，我们不需要一开始就精通操作系统进程调度的各种算法，也不需要上来就掌握 TCP/IP 协议里的各种帧格式。我们应该从软件技术的第一性原理出发，了解每项基础技术中那些最关键的技术原理，明白这些原理是如何和我们日常开发工作发生关系的。

比如，我们的程序是如何被操作系统调度执行的？为什么高并发时系统会崩溃，原理是什么？在编程时，什么场合下应该使用链表，什么场合下应该使用数组，为什么？当我们使用 Hash 表的时候，什么情况下它的性能会急剧降低，原理又是什么？我们使用 Redis 这样的分布式缓存到底要解决什么问题？分布式缓存是如何工作的？还有哪些技术看起来和 Redis 毫不相干，其实工作原理是一样的？

　　如果我们能把这些基本问题都回答清楚，这些问题背后的核心技术原理也都理解了，那我们就开始建立自己的技术思维体系了。当有新的问题和技术出现，你就可以思考，这是属于哪项技术领域的？它的核心原理和哪项技术方案本质是一样的？

　　当你掌握了软件开发技术的第一性原理，为了解决某个新问题去学习和研究一个新技术时，就算遇到了知识的盲点，也可以快速定位到自己技术体系的具体位置，进一步阅读相关的书籍资料，这时也许你就会深入到操作系统的调度算法实现或者通信协议头信息的具体编码里，但是这时你不会觉得枯燥无聊，也不会觉得迷茫无措，只会觉得原来如此，太有意思了，甚至觉得这其实可以实现得更好。

　　我在学习几何的时候，开始常常困扰于各种定理、推论，觉得它们都很相似，以至于进行几何证明时，不知道该用哪个。后来我索性不去管这些定理和推论，而是直接从公理开始证明，虽然证明步骤长了一点，但是总归能证明出来。后来做的题多了，发现有些中间推导结果总是重复出现，打开书再学习时，就会发现这些重复出现的中间结果就是各种定理、推论。这时我不去记这些定理也能随心所欲地使用它们了。

　　其实我学几何的这种方式就是第一性原理。第一性原理是一种思维方式，一种学习方式，一种围绕事物核心推动事物正确前进的做事方式。也许你曾经看过很多文章，学习过很多知识，但是这些知识技术和软件技术最基本的原理关系你也许不甚了解。它们从何而来，又将如何构建出新的技术？如果把这些关系和原理都理解透彻了，你会发现日常开发所用到的各种技术不但可以随心所欲地使用，甚至可以重新创造。

　　如果说具体的技术是一朵花，那么技术思维体系就是一棵树。你种下了自己的技术思维体系之树，将来有一天就会收获一树繁花。

附录 B

我的架构师成长之路

鲁迅曾说：这世上本没有路，走的人多了，也便成了路。作为一个非计算机专业的程序员，我的架构师成长之路也许有点另类，但是另类的路走的人多了，也就成了寻常的路。

因为，这世上本没有路。

初入江湖

大学期间我所学的专业是工业自动化，第一份工作是到一家国企做仪表工程师，就是维修各种化学分析仪器仪表。这些仪表的各种气路经常出故障，这些气路管道如果漏气就会影响化学成分的分析精度，所以我的主要工作就是找到这些气路管道的泄漏之处，每天拿肥皂水涂在很细小的管道上，观察是不是有气泡渗出。

这份工作做了两年。一想到这样涂一辈子的肥皂水，我就开始有点崩溃了。以前在大学的时候，我喜欢写程序，经常用 C 语言写各种小游戏给自己玩，所以我就想，能不能找份程序员的工作呢？于是我跑到人才市场去找，也没带简历，其实带了也没用，总不能写自己涂了两年肥皂水吧。

在人才市场，我找到一家招聘软件工程师的企业，跟人家说我会用 C 语言编游戏，你们需不需要。招聘的人告诉我，他们需要会 Delphi 的人开发企业管理软件。我说，我可以学的，我学编程很快的。对方说，"那你学一下 Delphi，编个仓库管理软件，编好了再到我们公司来"。然后给我名片就让我走了，他可能只是想尽快把我打发走，但当时我却觉得很开心，我有机会换个更有意义和价值的工作了。事实证明，这个机会彻底改变了我的人生。

从人才市场出来，我去新华书店买了一本 Delphi 编程的书，看了一晚上，觉得学得差不多了，第二天借了个电脑过来开始编写仓库管理软件。不到一个星期，感觉自己的程序写得还可以，就拷了代码跑到那家公司，给他们看——这就是我用 Delphi 写的仓库管理软件。

就这样，我从一个涂肥皂水的弱电工程师，摇身一变成为一个写代码的软件工程师。

现在回过头来看这段经历，会感激当时年轻的自己，人在年轻的时候，世界是崭新的，人也是崭新的，有无限的可能，可以去做各种尝试。即使尝试失败了也不要紧，至少也成了一个有故事的人，而人生就可能在各种尝试之中找到自己的方向。

刚开始做程序员的时候觉得很紧张，因为自己不是计算机科班出身，没有系统学习过软件开发的基础课程，也不知道能不能胜任工作。于是我买了各种软件专业的教科书，花了一年多的时间，把数据结构、操作系统原理、数据库原理、离算数学各种计算机专业基础都补习了一遍。

这时我又困惑了，教科书里各种高大上的原理在我当时的工作中一个也用不上，天天复制粘贴代码、数据库增删改查，感觉跟以前涂肥皂水没什么两样。当时我就想，要去更厉害的大公司，写一点有技术含量的代码。但是，作为一个半道出家，在塞外小城小公司工作的野路子程序员，我连大公司的门在哪儿都摸不着。

于是我决定考研，成为计算机专业的研究生，以此作为进入大公司的敲门砖。

说干就干，我选了一个有技术含量又有前途的专业——北京工业大学人工智能专业。经过努力我考上了，当我兴致勃勃去北京参加复试时，结果学校通知，今年报考人工智能专业的人太多，而汽车专业需要有计算机背景的人才，就这样我被调剂到汽车专业，读了三年汽车专业的研究生，我的人生之路真是曲折。

我读研时虽然学的不是计算机，但是还是学了很多计算机专业的选修课，可以说把计算机的专业基础知识重新扎实地学了一遍，也为自己后面的技术进步奠定了基础。人在年轻的时候，要勇于去做各种尝试，无论成败曲折，都可能在你未来的成长中发挥作用。人生所有的汗水都不会白费，你的路走得越远，曾经付出的努力就越能显现出作用。

小试牛刀

研究生毕业之后，我加入了方正。方正接了一个据说是当时最大的国外软件外包项目。我去报到时，项目经理指着空荡荡的一层大楼说，过几个月，需求确认后进入开发阶段，这里全都会坐满人。但那时只有我们几个人，坐在一个角落里，每天看外方发来的需求文档和技术规范要求。

当时，外方找了国外一家技术咨询公司，负责整体架构设计。但是，这个咨询公司只给出整体的概要设计模型和一堆技术规范要求，没有详细的设计和技术落地方案。我就去找项目经理说，"要实现这些技术要求需要有一个技术框架支撑，现有的开源技术框架都不满足要求，我们是不是要自己开发一个？"

项目经理说："确实，但是我手上仅有的几个技术高手都被派到国外客户方那里了，国内就你们几个新人，要不你带几个人开发这个框架吧。"

人生的机会通常都是以巨大挑战的形式出现的，而不是放在礼盒里打上蝴蝶结摆在你面前的，你几乎不可能以一种愉悦、轻松的方式面对机会，任何恐惧、逃避都会使你错失良机。

当项目经理跟我说，"你来负责框架开发的时候"，巨大的压力让我只想快速逃避这个任务。但是我知道，我一直想要摆脱的涂肥皂水的机会就在眼前，无论如何我都不能放弃。

于是我用周末的时间，研究了相关开源软件的实现原理，根据外方的技术要求，做了一个技术框架设计，用 UML 画了三四张架构图。第二周，项目经理邀请其他部门的技术高手过来做了一个设计评审，然后就开始开发了。

等外派到客户那里的技术高手回国时，这个技术框架已经开发完成，并且针对一个典型的需求场景开发了一个样例程序，运行良好。于是这个框架就成为整个系统的核心，也成为开发的基本技术规范。项目进入开发阶段以后，果然每周都有几十个开发工程师入场，很快就坐满了一整层大楼，每周我都要给这些新加入的工程师讲框架的运行原理、开发的流程规范、接口的实现规则。

所有工程师都遵循框架的接口规范编程，跨团队开发的代码不会彼此调用，所有的程序都在框架的调用下运行，任何对流程的改变都需要经过我的确认，任何对开发规范的调整都需要通过我修改框架来实现，我成了全项目组最核心的人员。这是我第一次体验到做技术的快乐和做架构的乐趣。

如果你对人生有自己的追求，你迟早会处在某个风口浪尖上，是乘势而上迎着风浪做个弄潮儿，还是畏惧风雨退缩不前做个旁观者，人生的选择，一念之间。

拔剑四顾

在方正获得了大家的认可后，我逐步进入了新的舒适区。随着项目开发进入后期，框架已经完全稳定，开发规范也已经被严格执行，我几乎没什么事情可做，虽然工作真的是"钱多事少离家近，位高权重责任轻"，但是自己未来的前途在哪里？我又一次陷入迷茫。

这时，有个朋友跳槽到 NEC，问我要不要去。我想既然在这里遇到天花板，不如换个环境试试，于是也去了 NEC，但是这次是被当作技术高手请过去的。我加入的是一个刚成立不久的团队，团队职责是配合日本本部维护开发一个类似 Tomcat 这样的 Java Web 容器。客户给的要求是先研究这个容器，然后再分配具体开发任务，可能也是想了解这个远在中国的团队的技术实力吧。

我加入团队的时候，大家问我，"我们已经把这个容器的代码都看过了，实现细节也都搞清楚了，但是我们该怎么办呢？"是啊，怎么让对方知道我们真的已经完成研究，可以胜任接下来的开发任务，甚至可以承担一些关键的开发呢？

了解了团队的问题和客户方面的期望后，我组织团队对这个 Web 容器进行了逆向设计，也就是根据代码反推设计模型，用 UML 将整个软件重新用建模语言描述了一次，然后编写成一个设计文档发送给客户。我猜客户收到这个设计文档还是有点吃惊的，因为他们很快派了两个人来中国，跟我们当面交流，并表示对我们的技术很有信心，希望我们负责开发一个在 Web 容器上可插拔的应用防火墙插件。

开发的时候，我本来想自己开发最核心的一个模块，但看到团队成员都跃跃欲试，于是就都分给大家去开发了。后来负责这个核心模块开发的同事联系到国外一个类似的开源软件的作者，这个作者给了我们很多建议和指导。

这件事情让我很震惊。以前我做架构设计，会制定很严格的接口规范，限制工程师在开发的过程中自我发挥，以保证整个系统的统一。但是这位同事主动联系外部资源，结果完成得更加出色。那时我意识到，把团队每个人的主观能动性发挥出来，产生的能量和价值是多么巨大。而在这样的团队中工作，收获的不仅是工作成就和个人成长，还有愉悦的人际关系。

其实当初离开方正到 NEC，我也犹豫过，这里工作得这么开心，换一个环境，能不能适应，会不会被新团队接纳？

厌恶风险是人的天性，但是走出舒适区，也许可以看到更广阔的天地和更美丽的风景，还能收获更加美好的人生体验。

永远的江湖

在 NEC 的工作，随着产品和团队的成熟，我又变得无所事事，我决定再去外面看看别的机会。这次去的是阿里巴巴。我去阿里巴巴面试时，上网看了看它的网站。因为前面做 Web 容器和应用防火墙的时候，需要开发一些 Web 应用进行测试，在浏览阿里巴巴的网站时，我发现，虽然这个网站的功能很多，但技术上不过是我们开发测试用例的水平，所以面试的时候颇有点自大。

面试官可能看出我自信满满的样子，开始问我一些分布式技术相关的问题，也就是海量高并发用户访问的技术方案。当时高并发互联网应用刚刚崭露头角，高并发相关的技术还不是软件开发领域的主流技术，这些技术当时我完全不了解。面试官看我目瞪口呆，说如果想知道答案就加入我们团队吧。

我加入的这个团队也是刚刚成立的，就是后来开发出 Dubbo、Fastjson 等多个知名开源软件的阿里巴巴平台技术部。当时，团队只有六七个人，其中一个同事坐在我背后，工号 14，过了好几个月我才知道他就是阿里巴巴著名的十八罗汉之一。

其他几个同事，工号要么很小，一看就是公司元老，要么跟我工号差不多，一看就是新来的。但奇怪的是，除我之外，其他成员不管新老员工，好像互相很熟的样子，讨论技术问题时他们都非常默契，对彼此的技术思路也很熟悉，技术水平也很高，思维和语速也非常快，每次开会我都有一种跟不上趟的感觉，觉得自己既不会做事也不会做人，非常有压力。于是就拼命学习各种互联网技术，技术水平也很快提高了。

大概过了快半年我才知道，原来几年前阿里巴巴在开发淘宝的时候，一方面组织了自己的技术骨干，另一方面从一家知名外企请了几个外包人员，组成了一个开发团队，开发了淘宝和支付宝这两个核心产品。开发完淘宝和支付宝后，外包人员就离开了。后来阿里巴巴要建立平台技术部，就把这几个外包人员又挖了回来，把几个技术骨干也转岗到这个部门。

这也就解释了明明是跟我一样的新员工，却和公司创业元老关系这么好，明明是从一家不做互联网开发的外企跳槽过来的，却对互联网技术这么熟悉的原因，原来他们曾经一起开发过中国最重要的两个互联网应用。

所以，我跟他们关系没那么好可以理解，我技术没他们好情有可原，想到这一点，我技术进步的动力忽然没有了，人还真是一种奇怪的生物呢。

在阿里巴巴工作了几年后，各种互联网技术也都熟悉了，我又开始思考，下一个技术浪潮在哪里？其实当时局面也比较明朗，就是云计算和大数据。

后来有一个去 Intel 的机会，了解到 Hadoop 大数据很多中国区的开源开发者都在 Intel，于是我又加入了 Intel 大数据团队，参与 Hive、Spark 一些开源大数据的开发。应该说，这些世界顶尖大数据产品的开发者技术水平确实很高，我想大约可以代表软件开发的顶尖水平吧。和这样一些人合作开发代码，使我对软件编程这件事又有了新的认识。

有句话叫"不忘初心"，我想我这十几年的职业生涯，一直在追求更好的技术、更有挑战的编程体验，这也算是不忘初心吧。还有句话叫"念念不忘，必有回响"，如果你对一件事心心念念、朝思暮想，你几乎就不会错过任何机会，也一定会收获相应的回报。

附录 C

无处不在的架构之美

架构是关于复杂系统整体规划和关键细节的，复杂的事物都需要进行架构设计。公司与国家的组织管理架构、产品的生态体系架构、建筑工程的功能与非功能性架构、人生的目标规划与关键抉择架构……架构无处不在，架构之美也无处不在。

一个极简又极精妙的航天系统架构

移动互联网的崛起有一项功能起了至关重要的作用，就是 LBS，即基于地理位置的服务，这是传统的 PC 互联网没有的。移动 App 根据用户当前位置提供个性化服务，是移动应用的一项重要特性，而这个特性的背后主要使用的是 GPS 技术。

手机通过 GPS 模块可以提供米级精度的定位服务，那么手机怎么知道自己在哪里呢？全球各地的手机有几十亿部，GPS 服务为何可以涵盖这么广的范围？

手机能够知道自己的位置是通过接受 GPS 卫星信号计算出来的。GPS 看似是一个定位服务，其实背后是一个航天系统，基本原理如图 C-1 所示。

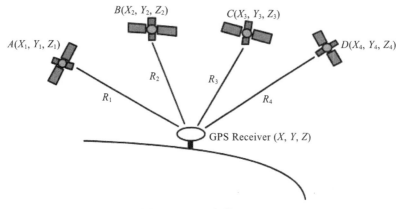

图 C-1 GPS 架构原理

手机接收卫星的广播电文，知道卫星的空间坐标，带入欧氏空间距离公式，就可以得到一个方程组

$$P_1 = \sqrt{(x-x_1)^2 + (y-y_1)^2 + (z-z_1)^2}$$
$$P_2 = \sqrt{(x-x_2)^2 + (y-y_2)^2 + (z-z_2)^2}$$
$$P_3 = \sqrt{(x-x_3)^2 + (y-y_3)^2 + (z-z_3)^2}$$

其中，P_1 代表手机到卫星 1 的距离，这个距离可以通过手机收到卫星电文的时间减去卫星发送电文的时间（这个时间包含在电文中），再乘以光速计算得到，即 $P_1=c(t-t_1)$，其中 t 是手机收到卫星信号的时间，t_1 是卫星发送信号的时间，c 是光速。计算得到距离以后，计算这个方程组就可以得到手机的坐标 $\{x, y, z\}$。

但是，这里有一个问题，卫星的时间使用原子钟，并通过地面站精确校时，时间精度极高，而手机上的时间偏差就比较大，再乘以光速，误差可能会偏离地球。所以需要对手机时间进行校正，假设手机和标准时间的偏差 δ_t，那么上面的方程组就多出一个未知量，所以需要再增加一个方程，即

$$P_1 = \sqrt{(x-x_1)^2 + (y-y_1)^2 + (z-z_1)^2} + c\delta_t$$
$$P_2 = \sqrt{(x-x_2)^2 + (y-y_2)^2 + (z-z_2)^2} + c\delta_t$$
$$P_3 = \sqrt{(x-x_3)^2 + (y-y_3)^2 + (z-z_3)^2} + c\delta_t$$
$$P_4 = \sqrt{(x-x_4)^2 + (y-y_4)^2 + (z-z_4)^2} + c\delta_t$$

也就是说，需要再增加接收一颗卫星的信号，计算由四个方程购成的方程组的解，

就可以得到手机当前所在位置的坐标，同时还知道了精确的时间。所以 GPS 也是一个极其精确的时钟系统，某些分布式系统需要在较远距离部署的服务器之间传输数据，同时保证数据的一致性，这时候需要使用精确的、全局统一的时间戳，这个时间戳也可以通过 GPS 来获取。

为了保证全球主要地区在任何时候都能至少接收到四颗卫星的信号，GPS 常年维持 30 颗左右的卫星。卫星定位系统是一个极其庞大复杂的工程，全球只有极少数国家（联盟）才能实现。但是其核心架构原理却是非常简单又非常精妙的，架构之美尽在其中。

历经两千多年时间考验的水利工程架构

四川被称为天府之国，历史上一直都是中国的战略大后方。守住四川就有机会收复全中国，这样的事例在历史上多次重现。这主要是由于四川具有得天独厚的地理条件，一方面是易守难攻的军事地理条件，另一方面是成都平原优渥的农业种植条件，以及由此支撑起的庞大军事和农业生产人口。

但是成都平原并不是一开始就是沃野千里的良田，要成为良田一方面需要良好的土地，另一方面还需要良好的灌溉，使这片土地得到良好灌溉的是两千多年前的一项水利工程——都江堰。

修建都江堰水利工程的目的是引岷江水进入成都平原，灌溉那里的土地，引水工程要解决以下三个问题。

- ❏ 引流：这是工程的首要目的，即如何把水引进来。
- ❏ 防洪：如果水进来后不受控制，那么当爆发洪水的时候，整个成都平原就会成为一片沼泽，所以引水以后要解决防洪的问题。
- ❏ 排沙：岷江水势高，水流高速进入成都平原后，流速立刻下降，就会导致原来江水中的泥沙沉积下来，日积月累，河水改道，平原又成沼泽，所以还要解决江水排沙的问题。

都江堰通过设计几个关键组件互相协作，完美地解决了上面的三个问题。都江堰架构如图 C-2 所示。

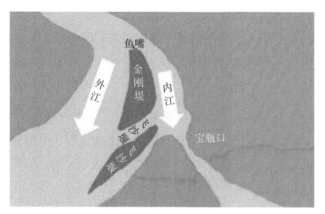

图 C-2　都江堰架构

引流主要通过江中金刚堤及其突出部鱼嘴，将岷江分为外江和内江两条江，只有内江水通过宝瓶口进入成都平原。内江深挖形成凹地，外江为凸地，枯水期江水主要通过凹地流入内江；汛期，水流速度快，由于水流的弯道动力学原理，江水主要通过外江流走，实现都江堰的第一重防洪。同时内外河道的凹凸设计利用流体力学原理将清澈的江水引入内江，将浑浊的江水排往外江，实现了都江堰的第一重排沙。

内江水流到宝瓶口的时候，由于入口狭窄，会形成漩涡，漩涡将江水中的泥沙甩出到飞沙堰，实现都江堰的第二重排沙。同时由于飞沙堰是一个低矮的堰坝，如果江水泛滥，就会冲过飞沙堰，重新流入外江，实现都江堰的第二重防洪。而宝瓶口则是从玉垒山中人工开凿出来的一个通道，只允许特定的水量流过，形成都江堰的第三重防洪。

鱼嘴、飞沙堰、宝瓶口三个组件互相联动，低耦合、高内聚，形成一个完美架构的水利工程系统，生生不息，滋养了四川盆地 2000 多年，是人类水利工程的奇迹，其架构原理甚至值得今天高并发、大流量的互联网系统架构借鉴。而都江堰的架构师——李冰也被蜀地人民尊为川主，纪念了几千年。

苹果公司的产品生态体系架构

苹果公司的产品技术生态体系和它的主要竞争对手都不同。苹果对其生态体系内的开发者有更强的约束和规范，而 Google 和微软则对 Android 和 Windows 上的开发者要宽容得多。苹果软硬一体的产品以及对应用商店的严格掌控使得其产品有更好用户体验，而 Google 和 Windows 开放的生态则吸引了更多的开发者，拥有更丰富的产品体系。

软件架构设计中，也会遇到类似的抉择。架构规范与框架应该对应用程序开发严格约束还是给予一定的自由？严格约束可以保证系统按照架构师的设计思路精确开发，但是同时也失去了灵活性，如果架构与框架设计考虑不周，开发过程又缺乏变通，可能会导致开发过程出现问题。而自由则可能导致工程师随心所欲，开发出来的系统僵硬、腐化、凌乱，难以维护。

严格和自由哪种更好，对此没有现成的答案，至少我们看到苹果和 Google、微软虽然有着不同的哲学，但是它们都获得了成功。但这并不是说架构的规范严格与自由不重要，这是架构设计最重要的哲学之一，是架构师如何看待自己设计的架构和框架与整个系统的关系，是架构师自己与应用开发者关系的基础。架构师需要对自己、对产品、对团队有深刻的认知，才能把握好整个尺度。

除了系统的架构，在公司的管理与组织结构中也有这样的抉择。管理者严密地控制一切，将员工当作不会思考的螺丝钉，只要按指令做事即可；管理者对员工放任自由，员工就会完全按自己的意愿工作。两种极端显然都不会开发出优秀的产品、培养出优秀的员工。那么在两端之间，管理的尺度在哪里？现实中，严格管控的公司似乎更多一些。随着社会进步，管理者和员工共同进步，管理的尺度会不会向自由的一端移动？

在目前的实践中，一种比较高效的管理架构是：由员工发起创新方案，管理者对多个方案进行选择，然后将资源投放到某个方案上，这样既释放了员工的创造力与积极性，公司和管理者也对工作进行了较好的掌控。

小结

对于软件设计而言，架构之美不是可有可无的奢侈品，而是决定成功与失败的一个重要因素。美并不仅仅是一个美学的问题，也不仅仅是一个品味的问题，美能够被翻译成可行的技术。如果你的程序真的优雅且美丽，那么它就容易管理。首先是因为它比其他的方案都要简洁，其次是因为它的组件都可以被换成另外的方案而不会影响其他部分。最优雅的软件往往也是最高效的。

如果说美也有缺点的话，那就是你需要通过艰巨的工作才能得到它，需要刻苦的训练才能欣赏它。

附录 D

软件架构师之道

0
一个杰出的架构师，
团队几乎感觉不到他的存在。
次一点的架构师，
大家都爱戴他。
再次一点的，
大家都怕他。
而最糟的，
大家都鄙视他。

1
架构师任事物按照自身的规律发展。
他让自己的行为符合事物的本质。
同时他又跳出束缚，
让他的设计照亮自己。

2
架构师用心旁观这个世界，
而他坚信他内心的映像。
他的心像天空一样开阔，
任世间万物来来往往。

3
优秀架构师不会夸夸其谈，
他只是做。
当任务完成的时候，
整个团队都会说：
"天哪，我们居然做到了，全都是我们自己做的！"

4
架构师的权力是这样的：
他让事物自然发展，
毫不费力，也不强求。
他从不失望，他的精神也就永不衰老。

5
懂的人不说，
说的人不懂。
没有头绪的人还在讨论过程，
明白的人已经开始做了。

6
优秀架构师乐于用一个例子说明想法，
而不是强加他的意愿。
他会指出问题而不是戳穿它们。
他是坦率的，
也是柔顺的。
他的眼睛闪着锋芒，

却依然温和。

7
如果你想成为一个杰出的领导，
就不要试图去控制什么。
带着一个弹性的计划和概念推进，
团队会管好他们自己。
你越是强加禁令，
队伍越是没有纪律。
你越是强制，
大家越是没有安全感。
你越是从外面寻找帮助，
团队越是不能独立自主。

推荐阅读

推荐阅读

架构真经：互联网技术架构的设计原则（原书第2版）

作者：（美）马丁 L. 阿伯特 等 ISBN：978-7-111-56388-4 定价：79.00元

《架构即未来》姊妹篇，系统阐释50条支持企业高速增长的有效而且易用的架构原则

唐彬、向江旭、段念、吴华鹏、张瑞海、韩军、程炳皓、张云泉、李大学、霍泰稳 联袂力荐